進化する集落営農

新しい「社会的協同経営体」と農協の役割

シリーズ
地域の再生 7

楠本雅弘

農文協

まえがき

今「集落営農」と総称されている新しい社会的協同経営体が、全国各地で多様な展開を始めている。とりわけ、30年以上の取組みの歴史がある島根・広島・山口・大分・富山などの「先進県」では、多数の集落型法人経営体が設立され、元気な地域と活力ある農業を両立させる集落営農の大きな可能性を実現しつつある。

筆者は、「2階建て方式」の組織化を提案しながら、全国の集落営農の現場を訪ねて事例を調査し、住民たちと話し合い、学び合う活動を続けている。

そのなかで、集落営農が、単なる地域的営農組織の段階から、（それを土台にしながら）地域住民の暮らしを支え地域を再生する社会的経営体へと進化しつつあることを確信させるいくつもの事例に出会うことができた。

たとえば、「1階部分は、市町村合併で消滅した役場機能を実質的に復活した手づくり自治活動組織」「2階部分は農協と商工会を復活した地域協同《コミュニティ》経営体《ビジネス》」という「新2階建て方式」が登場している（広島県東広島市河内町小田地区）。島根県出雲市の（有）グリーンワークは、営農活動に加えて、「地域貢献部門」として、合併前の旧町から引き継いだ高齢者の病院への送迎など外出支援サービスや森林公園の運営管理業務、旧農協の育苗施設やライスセンターの受託運営、農協ガソリンスタンドの灯油戸配サービスなど、地域住民の生活の命綱《ライフライン》を支え、まさに「地域の再生・希望の拠りどころ」

としての役割を果たしている。

最先進地・島根県では、このような「地域貢献型」を次世代型集落営農として全面的に支援している。

本書では、集落営農は「地域住民による社会的協同経営体」であると定義し、その本質ゆえに利潤追求を目的とする私企業よりも経営的優位性のある持続的な公益的経営システムであることを強調している。

さらに歴史的に回顧して、集落営農が最近30年の〝新発明〟ではなく百年の歴史をもった社会的組織であることを再確認した。すなわち明治農法の実行主体として各府県が普及奨励した農家小組合を、昭和農村恐慌期に農林省が農事実行組合として法人格を与え、農村再建を担わせた。その結果、70年前のわが国農村では18万余の法人の集落営農組織が生産と暮らし万般に及ぶ活動をしていたことを浮きぼりにした。この農事実行組合は60年前の農協法制定の際に法定解散させられたが、その協同の精神は脈々とわが農村社会に引き継がれてきた。

今、農協は大きな岐路に立ち、地域の暮らしと営農を支えられる組織か否かを厳しく問われている。

本書では、農協と集落営農活動との関わりについてもとくに一章をさき、集落営農のネットワークの事務局機能をもち、集落営農の連合体になれば、広域合併農協でも「地域再生の拠りどころ」になれる道があることを論証し、「農協よムラへ還れ、地域を再生せよ！」と訴えている。

二〇一〇年六月

楠本雅弘

シリーズ　地域の再生　7

進化する集落営農――新しい「社会的協同経営体」と農協の役割

目　次

第3章　進化する集落営農と農協の役割

第1章

集落営農　その大きな可能性と再定義

——歴史・政策・多様な展開——

1　多様なとらえかた

「集落営農」という言葉を聞いたとき、どのようなイメージを思い浮かべるであろうか？　集落営農をどう理解・認識するか、肯定的にとらえるのか、否定的あるいは消極的に受け止めるのか。人により、また地域によって大きな差異があり、実に多様な対応がみられる。

(1) 誤解・偏見にもとづく集落営農否定論

集落営農に対する真正面からの批判ないしは否定的反応は、個別大規模経営体の経営者などに多くみられる。

巨額の資本を投下し（多くの場合、多額の借入金も抱えている）、経営規模を拡大する経営路線を展開している経営者たちにとっては、そのような経営方針にとって障害になりそうだと考えられる農業施策や農業者の動向に対して批判をし、否定的態度を示すのは、ある意味では当然の対応かもしれない。

2年ほど前、研修会で一緒に講師を務めた東北地方のある大規模農業法人の経営者が次のように発言したのが印象に残っている。

「みんなで集まって、一緒に落ちて行く、そんな集落営農を推進する政策には反対だ」というのである。彼の主張は、行き詰まった高齢・零細農家が何十軒か集まって組織をつくったところでうまくいくはずがない。そんな組織に補助金を出すのは無駄使いだ。それよりも私たちのような経営能力のある大規模経営者に農地を集め、補助金や低利資金を集中すべきだという、「勝ち組」の論理の典型といえよう。

　集落営農を、彼自身がどのように理解しているかは知り得ないが、「集団で転落する」という語呂合せ的な批判のレトリックまで用いて対外的に自分たちの立場を明解に主張していることに興味をもった。そして同時に筆者は、「集楽営農」という標語を想起したのである。

　農業を振興し、農山村を元気にするには集落営農が有効であるとの共通認識のもと、知事・副知事が先頭に立って、いわば「県是」として熱心に集落営農を推進している大分県の、集落営農推進運動の標語（「キャッチ・フレーズ、キャッチ・コピー」）がまさに「集楽営農」なのである。

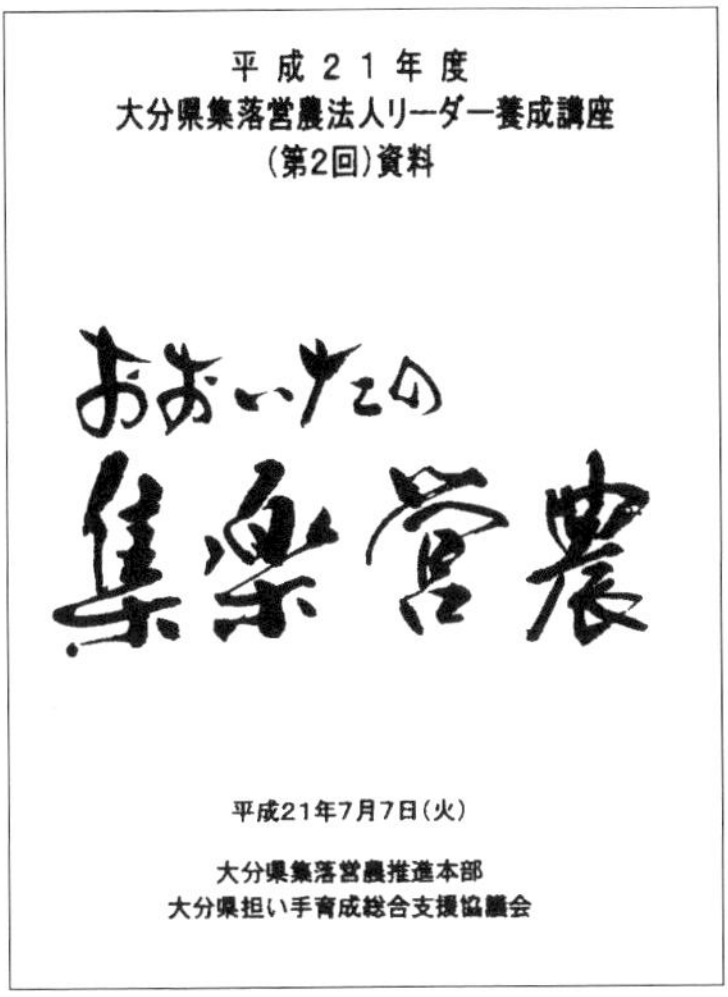
平成２１年度
大分県集落営農法人リーダー養成講座
（第2回）資料
おおいたの
集楽営農
平成21年7月7日（火）
大分県集落営農推進本部
大分県担い手育成総合支援協議会

図１－１　大分県の集落営農講座のテキストより

　大分県の集落営農への取組み状況については後に（27〜30ページ）やや詳しく紹介するが、県内に４１０の集落営農組織が設立され、そのうち１４１が法人化している（２０１０年３月末現在。集落法人の数では、広島県の１７５法人、富山県の１５１法人に次いで全国第3位）。

大分県は集落営農を、「水田農業の構造改革を進め、新たな担い手として育て、地域農業を再生する手段として極めて重要である」[1]と積極的に評価し普及しようとしている。それは、みんなが集まれば楽しくなり、みんなが協力するから営農が楽になるからであり、先の東北地方の法人経営者のような「落ちる」という認識とは正反対の評価にもとづいている。

これから述べるように、集落営農と大規模経営者とは決して矛盾・対立する関係ではなく、相互に協力・補完すべき関係にあることが理解されれば、より望ましい状況を築くことができるものと期待している。

誤解にもとづいた、より具体的な集落営農批判の例として各地で多く聞かれる類型が「二種兼保護論」とでも呼ぶべき主張である。すなわち、地域農業の「担い手」と位置づけられている認定農業者など、40代後半～60代の働き盛りの専業的上層農家の経営者たちの体験のなかから発せられる「率直な本音」が含まれていると推測すべき次のような発言がそれである。

山形県庄内地方で7haの稲作主体の50代後半の経営者が筆者に語った次のような言葉は、その代表例であろう。「集落営農は認定農業者に面倒な仕事を背負わせて、二種兼農家が楽をする。役を押しつけられたり、オペレーターをやるのは担い手で、そのおかげで小規模農家は親が高齢になっても農作業は他人にまかせて給料の高い安定兼業に従事することができる。集落営農は小規模・二種兼を育成する仕組みではないか。公務員・農業団体職員・会社員などの安定兼業を保障するために専業農家が汗をかく、そのような集落営農には反対だ」。

　彼は農業高校卒業と同時に就農し、父親が経営主の間は兼業に従事したり、都会への出稼ぎも経験した。農業後継者組織（農業改良普及センターが事務局を務める旧４Ｈクラブの後身組織）や農協青壮年部の役員なども歴任した。経営主になってからも、集落の農家組合長、カントリー利用組合、農協の部会、地元の認定農業者組織協議会など、さまざまな役員も務めた〝画に描いたような担い手農家〟である。

　そのような立場の彼が、集落営農に対して抱いているイメージは、地域や集落における農業構造改善事業など「補助金の受け皿」としての機械の共同利用組織、転作組合、共同防除組合等の営農組織の役員やオペレーターとしての経験を通じて形式されたものだという。その意味では説得力もあり、心情的には理解できる。しかし、これから本書を通じて提案しようとする「地域営農システムとしての集落営農」は、従来の補助事業の受け皿として組織された共同利用組織とは質的に大きく異なるものであり、彼のような専業的担い手経営者と呼ばれる立場の人びとにとっても、大きなメリット（経済的利点）もあり、魅力のある内容をもっている。ぜひ、「進化した集落営農」について理解し、認識を新たにしていただきたい。

　さらに、どちらかといえば70歳以上の比較的先輩の、よく新聞・雑誌なども読んでいる議論好きの「理論派」農民が提起するのが、「集落営農は個別営農を否定するのか？」という疑問・批判である。さらに論をすすめて、失敗に終わった旧ソ連のコルホーズ（集団農場）やソホーズ（国営農場）、中国の人民公社を日本でも真似しようとするのか！　という拒絶的対応を示す人もいる。

本書を一読すれば、これらの疑問や批判はすべて誤解ないし偏見にもとづくものであることが納得され、集落営農へ取り組む不安は氷解するであろう。すなわち、集落営農は個別営農を否定・排除するものではなく、「個別営農の最高に発展した段階」と考えられる。

また、旧ソ連のソホーズやコルホーズ、中国の人民公社では、農民は「社会的資本に雇用された労働者」と位置づけられたけれども、集落営農では「農地や資本をみんなで持ち寄り、みんなで企画・運営し、みんなが働く」協同組合の一種である。

これに関連する論点で、「集落営農は農地の戸別（個人）所有を否定するのではないか？」という不安を抱く農業者も少なからず存在するようである。集落営農は「農地の個人所有を前提として、農地をより高度に活用するための協同・協力の仕組み」であることを理解すれば、このような不安や疑問も解消するであろう。

(2) 積極的評価・推進論

私見であるが、県段階でとらえた場合、集落営農の大きな可能性を積極的に評価し、熱心に推進していると考えられるのは、福島・富山・滋賀・島根・広島・山口・大分などの諸県である。

総じていえば、富山・滋賀の両県では歴史的に経営規模が狭小で典型的な「水稲単作・兼業地域」であったことから農家労働力の他産業への兼業がさらに深化し、農業労働力の高齢化・枯渇が深刻な問題となっている地域である。それ以外の諸県は、県域の大部分が中山間地域等のいわゆる「条件不利地域」で、集落の過疎化、弱体化が喫緊の課題となっている地域ととらえることができよう。

全国に先駆けて集落営農を推進

「集落営農」という言葉こそ使われてはいないが、島根県においては、集落を直接の対象とする県農政の振興施策が、すでに１９７５年から始まっている。これは、全国に先駆けて過疎化・高齢化が進行し、農業の担い手不足や耕作放棄地の増加が大きな問題となっていた島根県が、集落内での自主的な意志の結集により新しい農業生産体制を確立し、農業集落の再生による新しい農村社会を創造することを目標に掲げた「島根県農業振興対策」を展開したことに始まる。

この施策は、当時「新島根方式」と呼ばれたユニークな農業施策であった。88年度まで3期にわたって継続され、３２７集落が対象として指定され事業を実施した。

この島根県農業振興対策の要綱の中には「集落営農」という言葉は見られないが、「対策の趣旨」の文章の中に「農業集落内に新しい農業生産関係を確立するなどによって農業集落の一体的向上をはかり……」という記述がある。また、「対策の指針」の中に次のような具体的な記述があることから、現在の集落営農の推進をめざした施策と考えられる。島根県農林水産部の関係職員もそのように理解しているとされる。

（対策の指針）

①集落内農地を一農場として想定し、裏作の推進、不作付地の解消などその農用地の利用増進に関すること。

②集落内の農作業に受委託、賃貸借関係を確立することによって機能分担し、専業的な中核農家の所得の増大を図るとともに兼業農家の労働力の軽減を図ること。

島根県の集落営農振興対策は、秋田県が72年から開始した「集落農場化事業」に次いで早い時期から展開された。これは、表1-1に掲げたように、その後「ふるさと農業活性化事業」「中山間地域集落営農推進事業」「しまね地域農業活性化特別対策事業」「ハツラツ集落・農村づくり事業」「農業担い手育成確保事業」と継続して実施され、98年度からは「がんばる島根農林総合事業」として引き継がれている。

島根県の集落営農振興対策の特徴は、まず75年という全国的にも早い段階から施策が始まったことと、以来30年以上の長期間継続して強力に推進されてきたことであろう。

背景には、高齢化・過疎化・兼業化がある

島根県が集落営農の育成にこれほど熱心な背景には、以下のような状況認識がある（1994年から実施された「しまね地域農業活性化特別対策事業」資料より引用）。

㋑高齢化・過疎化・兼業化が進み、農業の担い手不足が深刻化する中で農地の荒廃が進んでいる。

㋺農地の出し手と受け手のアンバランスが拡大しており、早急に受け手の育成を図らなければな

表1－1　島根県における集落営農の展開過程

事業名	指定年度	実施集落数	目的	事業主体
島根農業振興対策第1期	1975～79	125	集落での自主的な意志の結集により、新しい農業生産体制などを確立し、農業集落の再生と新たな島根の農村社会を創造する	・集落
島根農業振興対策第2期	80～84	120		
島根農業振興対策第3期	85～88	82	前対策で培った「意欲」・「芽」を周辺へ波及させる	
ふるさと農業活性化事業	89～90	194	農業生産対策にとどまらず、新しい視点を加え、個性的で魅力ある農業の振興と農村地域の活性化を図る	・集落 ・生産組合等
中山間地域集落営農推進事業	91～93	60	中山間地域において稲作を中心とする土地利用型の営農形態の確立と担い手確保のために集落営農の推進を図る	・集落
しまね地域農業活性化特別対策事業	94～98	180	各市町村での農業生産の「しくみづくり」を進めるため、特に稲作を中心とする土地利用型農業の担い手育成を図る	・認定農業者等 ・集落 ・公社等
ハツラツ集落・農村づくり事業（※98年から「がんばる島根農林総合事業」に統合）	96～00	60	集落の特徴を生かした自主的で創意工夫に満ちた活動を積極的に支援する	・集落 ・生産組合等
農業担い手育成確保事業（※98年から「がんばる島根農林総合事業」に統合）	98～00	130	しまね地域農業活性化特別対策事業の第2期対策として、市町村農業戦略を重視した地域農業のしくみづくりと担い手の育成を継続的に支援する	・認定農業者等 ・集落 ・公社等

らない。

㋩農家の個別対応では流動化のスピードが遅く、かつ効率的に担い手に集積することは困難である。

㋥地域での土地利用型農業の主体としては、個別規模拡大農家・作業受託組織・集落営農組織があり、それぞれの地域で、これらがどのように役割を分担するのかを明らかにし、全町的な育成の努力をすることが必要である。

㋭農業労働力不足が規模拡大を阻害している面があり、地域の労働力を有効に活用するシステムが不可欠である。

㋬農家レベルでの担い手ではどうしても不足し、農地の荒廃が懸念される場合には、公的な機関による農作業受託や農地管理が必要となる。

島根県では、99年度から「集落農業総点検運動」を全県あげて展開してきた。重点指導対象集落を指定して、集落営農組織の設立や機能強化を支援してきたが、県内の集落営農の実態については次のように分析している。

ⓐ水稲に依存した、集落ごとの地域完結型の農業生産構造である。

ⓑ現状維持志向が強い。

ⓒ組織基盤の脆弱な農業機械の共同利用型組織が6割近くを占め、作業受託型組織は33％、協業経営型組織と法人は9％にとどまっている。

集落営農の「数の確保」に加え、「質の確保」を今後の重点課題として位置づけ、その契機として「集落営農ルネッサンス運動」を展開し、集落営農の再構築を図る。

平成 14 年度から 16 年度を重点取組み期間とし、関係機関・農業者一体となって取組みを実施する。

- ●集落単位での担い手の明確化と育成計画の作成
- ●当面、担い手が見込まれない地域での集落営農組織の新たな育成
- ●既存集落営農組織の高度化
- ●集落営農組織の法人化

図１－２　「しまね集落営農ルネッサンス運動」の概要

米価をはじめとした農産物価格は低下傾向にある。現状のままでは経営が非常に不安定であり、所得の低下が組織の崩壊をもたらしかねないと、県は強い危機意識を表明している。

これからは法人化をめざす

そこで島根県では、２００２〜２００４年度までの３年間を重点取組み期間とする「しまね集落営農ルネッサンス運動」を展開することになった。その概要は図１−２に掲げたとおりだが、これまでの施策を反省したうえで、育成目標や到達点、運動の推進手法をより明確にした点が特徴である。

すなわち、まず集落単位での担い手を明確化し、育成計画を作成する。当面、担い手が不足する地域では、集落営農組織を新たに育成するが、従来の「集落営農の数の確保」に加え、「集落営農の質の確保」に重点をおいている。ここで「質の確保」というのは、法人化に向けた取組みに特

イ　事業内容

（ア）集落リーダー及びサポーターの登録

①地域担い手協議会から推薦された集落リーダー及びサポーターを登録

（イ）集落リーダー・サポーター活動マニュアルの作成

（ウ）「集落組織化塾」による集落リーダー等の養成

①「集落組織化塾」の総合プロデューサー及びアドバイザーを登用

②県内3カ所で集落リーダー等を対象にした「集落組織化塾」を開催

③集落リーダー等は、「集落組織化塾」で取得したノウハウ、「地域営農仕組みづくり検討会」での話し合いをもとに地域の実情に応じた「地域農業再編プラン」＝卒業論文を作成→「地域営農仕組みづくり検討会」へフィードバック

図1－3　島根県の地域農業再編整備事業の概要（2007～2009年度）

化することであると明示している。

島根県では、すでに農業経営基盤強化促進基本方針において、08年度に集落営農組織を６００育成することを目標として掲げていたが、今回の「しまね集落営農ルネッサンス運動」においてさらに具体化した（図1―2）。

（以上、島根県の新しい集落営農振興運動については、島根県農林水産部「新たな集落営農の推進に向けて」２００２年４月、の内容を要約紹介した）

国の「品目横断的経営安定対策」（その後「水田・畑作経営所得安定対策」に改編・改称）の展開に対応して、島根県では07年～09年度の3年間にわたって「地域農業再編支援事業」を推進している。その概要は図1-3のとおりである。

島根県では、集落営農が中山間地域集落等の人びとの暮らしを支える「地域再生機能」を高

(1)　地域段階事業

ア　事業実施主体　地域担い手育成総合支援協議会
（構成機関：市町村、JA、県農林振興センター等）

イ　事業内容

（ア）農業再編支援地域の設定

①担い手不在集落の意向調査等を実施し、地元意向に基づく農業再編支援地域を設定する。〔農業再編支援地域〕300地域（年間100地域）〈地域の範囲＝913集落÷3集落〉

②農業再編支援地域の中から集落リーダー（年間200名＝2名／地域）及びサポーター（関係機関職員300名＝1名／地域）を選定し、県担い手協議会へ推薦

（イ）地域営農仕組みづくり検討会の開催

①農業再編支援地域の集落リーダー、サポーター、その他の担い手（認定農業者、集落営農組織など）の参画による「地域営農仕組みづくり検討会」を開催

②検討会では、農地利用や農作業の実施方法、既存農業機械の活用方法等集落組織のあり方、地域営農の仕組みづくりについて方向性を協議

③地域内での話し合いによる方向性の合意と実行

（ウ）地域担い手協議会による支援

①地域担い手協議会の支援による集落組織（農用地利用改善団体）の新規設立

②既存補助事業の活用支援

③地域内の担い手への農地・農作業委託の斡旋、既存補助事業の活用支援

(2)　県段階事業

ア　事業実施主体　島根県担い手育成総合支援協議会
（構成機関：島根県農業会議、JA島根中央会、島根県等）

く評価し、09年度から集落営農組織の地域貢献活動を支援する事業を展開している。

ここでいう「地域貢献活動」の具体的内容については、第3章で詳述するが、さしあたり、農文協が発売している集落営農支援ビデオおよびＤＶＤ版の「地域再生編」（２０１０年1月発売）に収録されている、島根県出雲市佐田町の有限会社グリーン・ワークおよび浜田市金城町の農事組合法人「ひやころう波佐」の活動事例をみていただきたい。

島根県における集落営農組織の設立状況は、２０１０年3月末現在で表1－2のとおりである。

なお「特定農業法人」については、後記注（3）を参照のこと。

表1－2　島根県の集落営農の設立状況（2010年3月末現在）

集落営農組織数	575
そのうち	
集落営農法人	117
（うち特定農業法人　102）	
特定農業団体（任意組織）	67

知事が先頭に立って「集落営農の大きな可能性」を県民に訴える広島・大分両県

広島県の農業関係者は、しばしば「広島県の農業は日本の縮図です」という表現をする。北の１０００ｍ級の中国山地（豪雪地帯を含む）から南の瀬戸内海沿岸、海抜ゼロメートルの島嶼部に広がる変化に富んだ自然環境・地理的条件は、多様な農業経営形態と多種類な農産物をひとつの県域に形成しているというのである。

県関係者はさらに付け加えることを忘れない。「ほぼ全県域が中山間地域と離島です」と。そのよ

表1－3　広島県の農業の特徴

項　　目	広島県	全国	順位
(1) 1戸平均耕地面積（ha）	0.78	1.21	39
(2) 農業就業人口の女性比率（%）	59.1	55.5	4
(3) 農業就業人口の65歳以上比率（%）	67.1	55.4	2
(4) 基幹的農業従事者の65歳以上比率（%）	69.0	53.3	3
(5) 耕地利用率（%）	81.7	94.3	46
(6) 生産農業所得（千円）			
（ア）農家1戸当たり	489	1,116	41
（イ）耕地10a当たり	63	72	35
(7) 1戸平均農家所得（千円）	3,927	5,784	43
(8) 1戸平均農業所得（千円）	310	1,034	45
(9) 農業依存度（%）	7.9	17.9	42

資料：広島県農林水産部『広島県農林水産業の動き』2003年5月版による。
注：1．(5)～(9)の項目については2001年度、それ以外は2002年のデータ。
　　2．全国の1戸平均耕地面積は、北海道を除く「都府県」のデータ。

うな広島県の農業の、今からおよそ10年前の姿を示しているのが表1－3である。この特徴を要約すると、耕作面積が零細で、農業労働力の高齢化が進行し、女性労働への依存率が非常に高い。農業所得に関する諸指標はいずれも全国最下位グループに入っており、兼業所得への依存度が高い（農家所得に占める兼業所得の割合は92・1％）。耕地利用率は81・7％にすぎず、全国第46位という低さが注目される。

　広島県農業がおかれた厳しい状況をふまえて、当時の藤田雄山知事は、大勢の農政関係のリーダーたちに向かって次のように演説した。

「国が推進しようと意図している個別経営の規模拡大路線では、広島県の農業は切り捨てられ、落ちこぼれてしまう。集落営農ならば将来展望を切り拓いて行く可能性がある。集落営農こそ、広島県として推進すべき農政の方向であると確信する」。

　知事自身が、自らの言葉で県民に語りかける明確なメッセージを、たまたま筆者もその場に出席していて直接聞くことができ、感銘を受けたことをはっきり記憶している。

知事の言葉どおり、広島県の農政は「集落営農に特化」して推進されているといっても過言ではあるまい。２０００年３月に「広島県新農林水産業・農山漁村活性化行動計画」を策定し、目標年次である２０１０年度（のち２０１５年に改定）末までに、４１０の集落法人を設立し[2]、広島県の総耕地面積の31％にあたる１万７０００haを集落法人が利用集積するという政策目標を明示している。

なお、広島県の農政の特徴として、集落営農組織の設立にあたっては当初から「特定農業法人」[3]としての条件を備えるよう指導している。法人化を勧めるねらいとしては「現在の非効率な個別完結型経営を見直し、法人化することによる施設・機械投資の軽減と、労働時間の短縮等による低コスト土地利用型農業の構築を目指す」ことをあげている。そして「結果として、集落の農地保全や経済性の向上、法人としての経営の多角化・高度化が進み、これにともない新規就農者の受入れ等可能性が広まり、永続的な経営の構築が可能になる」という効果を期待している（広島県農林水産部『集落農場型農業生産法人育成の手引』02年３月）。

具体的な集落法人の育成支援のための県単独の施策が、２００１年度から始まった「集落法人育成ステップアップ事業」で、「法人化に向けた意識啓発から法人設立に至る一貫した取り組みを、関係農業団体等と密接な連携を図りつつ、県・市町村・集落が適切な役割分担のもとに展開」されてきた。

この事業のなかでも、とりわけ大きな効果を発揮したのが、「集落法人リーダー養成講座」である。

この講座の内容については、前著『地域の多様な条件を生かす 集落営農』（農文協、06年）でも取り上げたが、その後、この講座方式は後述の大分県はじめ多くの県でも取り組まれるようになり、大きな実績を残している講座や塾のモデルになった。

このような、県をあげての集落営農推進活動の結果、２０１０年3月末現在広島県には１７５の特定農業法人が設立されており、全国第１位の突出した集落営農法人数を誇っている。

県段階ばかりでなく、さらに市町村段階にまで視点を移してみると、たとえば世羅郡世羅町のように、きわめて多数の集落法人が濃密に集中的に設立され、農業を発展させ地域を活性化している事例が珍しくないのである。[4]

世羅町は標高４００ｍ前後の世羅台地にある全町が中山間地域の町である。世羅町では、町内55の集落（自治会）のうち35が集落法人の設立を計画（町内の農地の約50％を集積する目標）しており、２０１０年１月末現在表1-4のように27の集落法人が設立ずみである。

世羅町は、農事組合法人世羅幸水園（１９６３年設立、69年朝日農業賞受賞）以来、梨やぶどうの産地として有名であるが、表1-4のように集落法人が多品目の園芸作物の生産を手がけるようになった結果、アスパラガス、キャベツ、ピーマン、ほうれんそう、なすなどの生産地となり農業産出額が１００億円を超えるまでになった。また、世羅町は観光果樹園を核とするグリーンツーリズムに力を入れており、年間１４０万人の観光客が訪れ、この観光収入が23億円と推計されている。

「梅・栗植えてハワイに行こう」という標語に象徴される「一村一品運動」で知られる大分県は、

表1－4　世羅町集落法人の概要（2010年1月末現在）

法人名	設立年度（平成）	構成員数（名）	経営面積（ha）	主な生産品目
（農）さわやか田打	11	51	43	水稲・大麦・大豆・農産物加工・野菜
（農）くろぶち	13	63	46	水稲・大麦・大豆・キャベツ・農産物加工
（農）安田まさくに	14	88	30	水稲・ぶどう
（農）おがみ	14	15	14	水稲・そば
（農）アグリテックあかや	15	68	32	水稲・大麦・大豆・キャベツ
（農）かみだに	15	25	15	水稲・大豆・野菜
（農）いきいき高田	15	22	10	水稲・大豆･キャベツ・白菜
（農）くろがわ上谷	15	25	26	水稲・大麦・そば
（農）うづと	15	56	29	水稲・大麦・大豆・花壇苗
（農）いーね伊尾	16	46	19	水稲・大麦・大豆
（農）聖の郷かわしり	18	43	23	水稲・大豆・アスパラガス・野菜
（農）ふぁーむ賀茂	18	52	28	水稲・大豆・キャベツ・かぼちゃ
（有）重永農産	18	3	22	水稲・大豆
（農）ふるさと重永	18	22	22	水稲・大豆
（農）上小国	18	24	23	水稲･大豆・キャベツ・そば
（農）恵	18	3	23	水稲・大麦・大豆・キャベツ・そば・野菜
（農）上津田	19	146	26	大豆
（農）黒羽田	19	15	10	水稲・大豆・ぶどう・野菜
（農）とくいち	19	38	27	水稲・大豆・そば・野菜
（農）たさか	19	3	13	水稲・大豆・ぶどう
（農）かがやき有美	20	18	13	水稲・大麦・大豆
（農）つくち	20	17	10	水稲・大豆
（農）ほりこし	20	17	17	水稲・大豆・キャベツ・かぼちゃ
（農）すなだ	20	23	18	水稲・大豆・キャベツ・アスパラガス
（農）せら青近	20	13	10	水稲・大豆
（農）きらり狩山	21	16	10	水稲・大豆（計画）
（農）大福ファーム	21	10	7	水稲・大豆（計画）
合計	27法人	922	566	

「安心院《あじむ》方式」という独創的なグリーンツーリズム運動など、むらづくり運動の長い歴史がある。

その大分県が集落営農に取り組み始めたのは２００４年からである。最初は、広島県にならって、講師も広島県から招くなどの試行過程を経て、独自のカリキュラムを充実させた「集落営農法人リーダー養成講座」を開講するようになり、県内の５つの振興局でもそれぞれきめ細かな組織設立の支援を継続している。

平松県政を引き継いだ広瀬勝貞現知事も、平松氏と同じ通産（現経済産業省）事務次官経験者でキヤノンをはじめハイテク産業の誘致に力を入れてきた。同時に、大分県のむらづくりの伝統を重視し、東北農政局長として熱心に集落営農を推進した実績をもつ平野昭氏を副知事に招いて集落営農を本格的に推進している。その具体的なメッセージが、前述した「集楽営農」なのである。

09年9月に、九州で初めて開催された「大分県集落営農サミット」の開会のあいさつで、他県からの参加者を含む５００人の聴衆を前に、広瀬知事は次のように呼びかけた。ここに、県をあげて集落営農を評価し、推進する明確な姿勢が表明されている。

「大分県にとって農業は、食料の安定供給というだけではなく、地域社会の発展・維持のためにも大変大事な機能を果たしている基幹産業である。農業あっての地域であり、農業がしっかり機能することによって地域が守られる。しかし、農業は大変厳しい状況にあり、こういう状況を打破するには集落営農しかない。県をあげて取り組んだ結果、多くの集落営農組織が設立され、そのうち１３１の組織が法人化されている。これからも、もっと増えると期待しているし、せっかくつくられた組織が目的を果たしつつ永続できるよう、われわれも知恵を出さねばならない。『集落営農しか方法がない』から、『集落営農がいちばんいい』という夢の多い集落営農をつくる段階になっている」。

その大分県の集落営農の現況については本節冒頭（13ページ）で紹介したとおりである。

集落営農を基軸に据えて、安心して暮らせる地域を創るための農協事業の再構築に取り組む福島県の会津みどり農協

国の「品目横断的経営安定対策」が展開されることが明らかになった段階で、福島県と福島県農協中央会では、今後の農業・農村の振興戦略について協議を重ねた結果、国から補助金・交付金をもらうための「間に合わせ的な対応組織」の設立を指導するのではなく、30年、50年先を見据えた農業・農村の再構築をめざすことを確認した。

とくに県農協中央会では、県・市町村と連携した農業再建・地域再生運動の展開を全農協に呼びかけ、その具体的な取組み方策としては、「2階建て方式の地域営農システムとしての集落営農」が最適であることを提案した。事前の研究・検討段階から積極的な推進姿勢を示して参加していた会津みどり農協をまずモデル事例として実証し、その成果を全県に拡大するというすすめ方がとられた。

会津みどり農協の集落営農運動の展開経過については、すでに農文協が発売しているビデオ・DVD「集落営農シリーズ・事例編」の第2巻で、管内の昭和村の有限会社・グリーンファームを、さらに最新作の「地域再生編」の第1巻において、「2階建て方式」による集落営農推進の全体像を具体

的に紹介しているので併せて参照していただきたい。

運動を始めた当時の代表理事組合長（その後会長）だった佐藤七郎氏は、県農協中央会の副会長を務めていたのだが、会津みどり農協の総代会をはじめとしてあらゆる機会を利用して、集落営農を推進する趣旨を熱く説いた。福島市の農協中央会本部に在勤する機会が多い組合長に代わって留守をあずかる代表理事専務の矢澤貞芳氏もまた同じメッセージを発し続けた。

「農協が組合員に呼びかけている集落営農は、農業を再建し安心して暮らせる地域をつくるにはこれが最適の方法であり、またこれ以外にはないと考える。

まず、集落や地域で、全組合員の参加によって1階部分の農用地利用改善組合をつくり、話し合いによって『集落農業ビジョン』をまとめよう。2階部分の営農組織は、各地域の条件をふまえてじっくり検討してふさわしい在り方を構想しよう。手を上げた集落には、農協職員・町村職員・県の農業改良普及員による支援チームを張り付けてあらゆる支援をする。

農協職員を集落に通わせ、地域の実態を肌で感じさせ、組合員との真剣な対話を通じて鍛え直し、頼りになる職員を育てる。集落営農運動を通じて、農協もあるべき方向へ再構築したい。今のままの広域合併農協は、やがて『無用の長物』と化すであろう。

農協が地域にとって、組合員にとってなくてはならない組織に生まれ変わることができるかどうかは、集落営農運動にかかっている。集落営農がすばらしい可能性をもっていることを確信して推進する以上、絶対に組合員を失望させない。安心して一緒に取り組もう！」。

トップが先頭に立って、真剣で明確なメッセージを一貫して発信し続ければ、役職員も「本気」になる。組合員にもその意気込みが伝わり、「農協は真剣だ！　今度は本気だ」と、あちこちの「モデル集落」が動き出し、やがては管内全域にその情報が伝わり、全体の運動となる。

集落に深く入り込んで、体験を積んだ農業改良普及員たちが、ほかの農業改良普及所へ転勤すると、この情報とノウハウがやがて福島県内全域に波及していった。

注

（1）２００９年9月1日開催の「集落営農サミット（集落営農交流会）inおおいた」において確認された「サミット宣言」の冒頭の一節。

（2）広島県の行政文書上の正式な用語は「集落農場型農業生産法人」であるが、堅苦しく長すぎるので「集落法人」という通称で呼び習わされている。本書でも、広島県の集落営農に関して「集落法人」を用いる。

（3）93年に制定された農業経営基盤強化促進法によって制度化されたもので、一定の地域内において、将来、その農地の過半について農業上の利用を担う法人として、地域合意のもとに公的に明確に位置づけられた農業生産法人。

農用地利用改善団体の構成員から、その所有する農地について利用権の設定もしくは農作業の委託を受けて農業経営を行なう農業法人で、集落営農の持続的経営組織として望ましい方式であると位置づけられている。

なお、「特定農業団体」とは、現在は法人格をもたないが、近い将来農業生産法人＝特定農業法人になることが確実であると見込まれる等の法定要件に該当する団体である。

(4) 広島県では世羅町のほか、三次《みよし》市、東広島市、山県郡北広島町など、島根県では鹿足郡津和野町、邑《おお》智《ち》郡邑南《おおなん》町、出雲市、簸川《ひかわ》郡斐川《ひかわ》町など、大分県では宇佐市、豊後大野市、富山県では県西部の砺波《となみ》市や広域合併によって南砺《なんと》市や小矢部市になった砺波平野の旧町には多数の集落営農法人が集中的に設立されている。

2　集落営農の諸定義と政策的位置づけ

(1) 3つの論点

本節においては、大きく3つの論点を提示する。

第一は、集落営農を農業政策の対象として位置づけ、推進したのは、国の農政よりも、いくつかの府県の農政が大きく先行していたということである。

いくつかの「集落営農先進府県」が、農業・農村が直面する諸問題を解決し、地域の再生・活性化のために集落営農がもっている大きな可能性に着目することができたのは、地域社会の現実や農業・農村の実態を危機意識をもって把握できる「現場への臨場感」の強さのゆえであろう。

もとより、府県段階における集落営農施策は、それぞれの府県の社会的経済的条件の差異や取り組まれた時期の違い等々を反映して多様である。当然ながら、後述するように、府県ごとに志向する集落営農像も異なり、その「定義」もそれぞれ特徴をもっている。

そこで第二の論点は、各府県の「集落営農の定義」が「共通する部分もあるが、それぞれ差異がある」のはなぜなのかである。本書の全体を通して繰り返し論及するように、集落営農は次の3つの機能（あるいは本質）を有しており、かつ、この3つは不可分で全体を形成している（「三位一体」）。

（A）農地・農道・水路・溜池・里山などの地域資源を協同（共働）で維持・管理する機能。

（B）それらの地域資源を活用し、地域住民の労働力、資本（資金）を結集して効率的な農業生産活動を行なう地域経営組織。すなわち地域マネジメント、コミュニティビジネス機能。

（C）地域住民の定住条件を維持・改善し、生活や暮らしを支える地域再生・活性化機能。

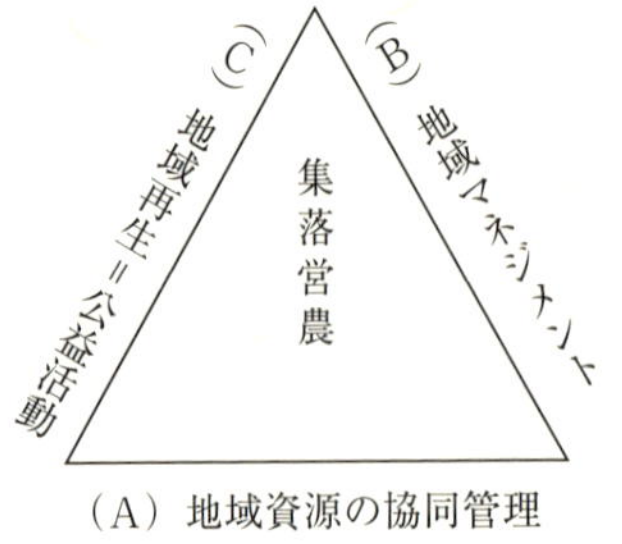

図1－4　3機能の有機的複合体としての集落営農

図1-4に示したように、この3つの機能は有機的に結合した「三位一体」構成になっている。

国や府県の集落営農の定義に差異があったり、とらえ方に幅があったりするのは、右の3つの機能のどこにウエイトをおいているのか、すなわち3つの機能の組合せによって構成される三角形の座標面のどこに重心があるかによるのである。論者がどのような「立ち位置」で集落営農をみているのか、国や府県の農業政策や地域振興策のそれぞれの必要性を反映して、集落営農観や定義が表現されているのである。

第三の論点は、国の推進している集落営農に関してである。後述するように、農林水産省は「効率的農業経営体」としての機能のみを切り離して取り出し、政策対象として育成しようとしており、結果的に集落営農の大きな可能性を壊してしまうおそれがあることを指摘しておかねばならない。

(2) 府県農政における集落営農の定義の多様性

本章1ですでに紹介したように、国に先駆けて集落営農の可能性・有効性に着目し、農政の中軸に据えて積極的に支援策を展開している「先進府県」がいくつか存在する。

島根県の定義

「最先進県」といってよい島根県の取組みの経過はすでに説明したところであるが、その集落営農の定義は図1-5に掲げたとおりである。これは、いわゆる「集落ぐるみ型の営農組織」の典型といってよいだろう。

35年間にわたる実践を経て、島根県の集落営農運動は「地域貢献型」というさらに進化した段階へと歩をすすめている。そこでの定義が（その2）に整理されている。前項の3つの機能のバランスのなかで（A）および（C）の機能へより強く重心を移した定義であろう。

島根県（その1）

集落の過半の農家が、農業生産の維持・発展に関する合意の下に、農業の生産行程（その農業に付帯する加工・貯蔵・販売を含む）の一部又は全部について労働力及び機械・施設利用の組織化を実施している営農のこと。

島根県（その2）

「地域貢献型集落営農」（2008年度から県単独事業として実施する新しい発想による「島根型集落営農」として、新規設立を支援したり、既存組織の機能強化を支援するにあたっての定義）。

農業生産の維持や農地の維持だけでなく、経済の維持（高齢者の生き甲斐や所得確保等）、生活の維持（地元住民の生活支援や福祉活動・美化・環境保全活動等）、U・Iターン者を含めた地域の人材の維持などを行う地域公益的な集落営農組織。支援対象として想定・例示している事業や活動経費。

①農地維持機能

地域の農地維持等を目的に新たに組織を設立する際の計画作成、農地マップ作成、農地集積助成等。

②経済維持機能

高齢者の生き甲斐対策や生活費確保のための野菜の少量多品目生産、和牛や羊放牧など。

③生活維持機能

公共施設管理、高齢者外出支援サービス、食事宅配サービス、葬祭サービスなど地域住民の生活支援や福祉活動、地元の美化・環境保全活動、伝統文化継承活動など。

④人材維持機能

U・Iターン者受入れのための都市住民との交流、グリーンツーリズムなど。

図1－5　島根県の集落営農の定義

集落営農＝集落を基盤とした営農計画
集落営農組織＝集落の営農計画に位置づけられて、実際に生産や経営をおこなう生産組織であって、水稲（注）の基幹３作業（耕起・代かき、田植え、収穫）について集落の80％以上をおこなうもの。

図１－６　富山県の集落営農の定義

注：富山県では、麦類や大豆のみを事業としている組織は集落営農組織には含めない取扱いをしている。

富山県の定義

中国山地の島根県が中山間・過疎地帯型集落営農の発祥地だとすれば、兼業地帯型集落営農の源泉が富山県である。

富山県が集落営農の育成を始めたのは１９８１年度の「豊かな村づくりパイロット事業」にさかのぼる。本格的には86年度の「集落営農組織化実践事業」からである。91年には「集落営農推進体制支援円滑化事業」に着手し、「富山県集落営農推進基本計画」を策定し、集落営農推進委員会（98年度から「構造政策推進会議集落営農推進部会」へ改組）を発足させた。

表１－５　富山県の集落営農組織

富山県の農業集落数	2,282
集落営農組織数	610
そのうち集落営農法人	151)
うち　特定農業法人	78
特定農業団体	144

注：富山県の全耕地面積　59,400haのうち集落営農組織がカバーしている面積は13,700ha（約23％）と、４分の１近くに達している（組織数および面積は2009年３月現在）。

富山県の集落営農の定義を図１－６に掲げた。富山県では、「集落営農」と「集落営農組織」とを分けてとらえており、筆者の「２階建て方式」の考え方にかなり近い。すなわち「集落営農組織」は「２階部分の営農組織」を指している。

富山県の集落営農組織については前著『地域の多様な条件を生かす　集落営農』で詳しく紹介したところであるが、最新のデータを掲げておくことにする（表1－5）[1]。

広島県の定義

日本一の集落営農法人数をもつ広島県については、前著に続いて、すでに本章1でも取り上げたところである。本書では第2章、3章でも中心的に論ずるので、広島県の集落営農の定義はここで明瞭に確認しておきたい。図1－7がそれである。

繰り返し強調することになるが、広島県では「最初から農業生産法人としての特定農業法人」の設立を指導していることが特徴である。

山口県の定義

中山間地域等直接支払制度への取組みでは全国をリードしてきた山口県は、前出の島根・広島両県と隣接しており、集落営農組織の育成とその法人化を積極的に推進している。山口県の集落営農の定義は図1－8のとおりである。

なお、２０１０年3月末現在、88の集落営農法人が設立されており、特定農業団体が78組織活動している。

集落農場型農業生産法人（略称「集落法人」）

集落（１～数集落）が、一つの経営体となって、集落の農地を一つの農場としてまとめ、効率的かつ安定的な農業経営を行う農業生産法人。

(1) 全戸参加型法人

集落内における農家の相当数（３分の２以上）が、法人の構成員として経営に参画し、かつ集落内農地の相当面積（過半で、30ha以上が目標）を利用集積し、協業経営を行う農業生産法人。

(2) オペレーター中心型法人

集落内の一部（数戸）が、法人を設立して、集落内の相当面積を集積して、専業的に農業法人をする農業生産法人。

ただし、法人経営の基礎となる集落において、相当数の農家の合意が得られている（特定農業法人として位置づけられている）ことが前提。

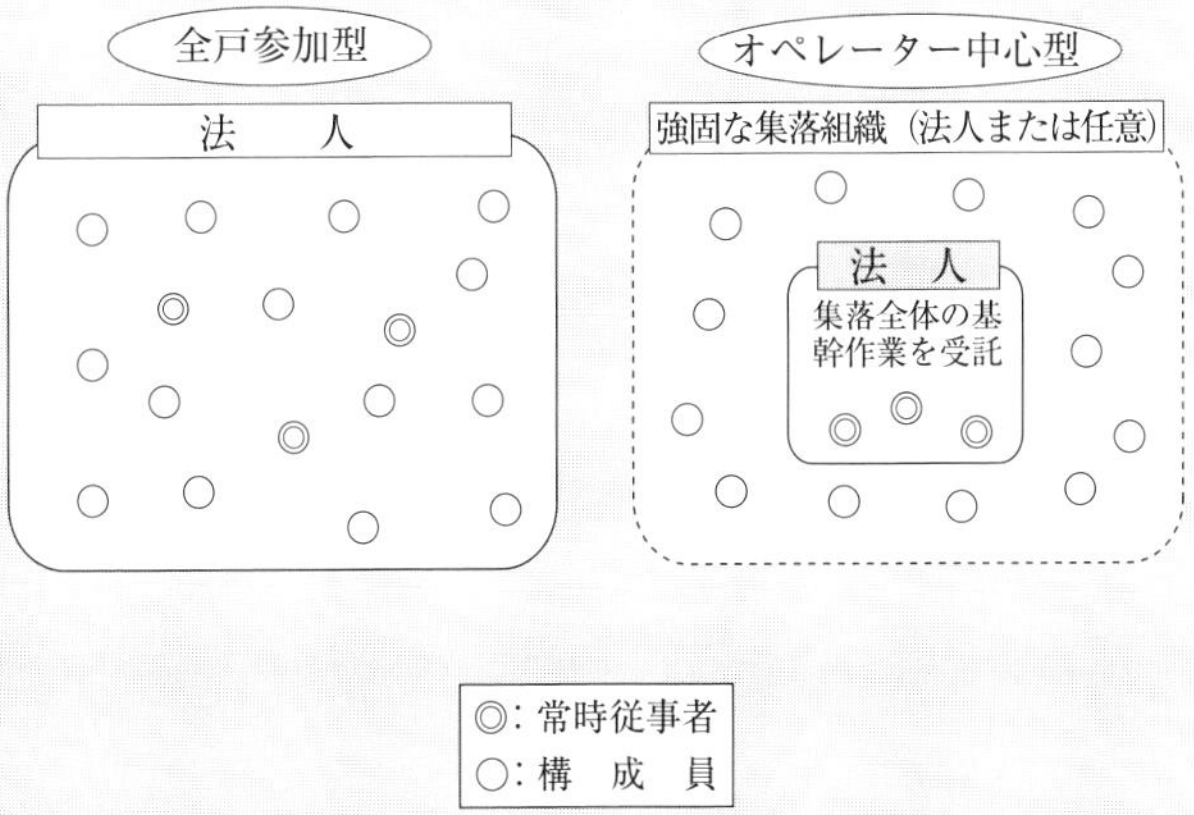

図１－７　広島県の集落営農の定義

・集落営農とは、農地の荒廃を防止し、集落のくらしを維持するために、合理的で効率的な農業経営を行う相互扶助の仕組み。
・集落営農法人とは、1～数集落を単位に、関係農家の農地利用の合意形成のもと、効率的な営農を実践する農業生産法人で、以下の組織。
①特定農業法人
②話合い活動により集落内の相当面積を集積することを決定し、当該集落の相当数の農家の参加により設立された農業生産法人

図1－8　山口県の集落営農の定義

大分県の定義

本章1でその積極的な推進姿勢を評価した大分県については、いわば「九州地区代表」として、その集落営農の定義を図1-9に示した。

「一村一品運動」以来のむらづくり運動の伝統をもつ大分県は、国に先駆けて2000年度から「誇りと活力のあるむらづくり推進事業」を展開してきた蓄積がある。それだけに集落営農の定義も柔軟で幅広いことが特徴といえるかもしれない。

京都府の定義

集落営農運動が軌道に乗るまでには「長い助走期間」が必要であり、大分県もそうであったように、それなりの「前史」がある。

京都府では、1992年度から「地域農業づくり事業」を推進してきたが、そこでは図1-10にあるような「地域農場、集落型農業法人」という目標を掲げている。

大分県（その１＝県民向けのパンフレットでの説明）

・集落営農とは「集落などで協力して、地域農業を続けられる仕組みづくりを行い、個別経営における課題を解決していくこと」。

・集落営農組織には大きく分けて下記の種類があるが、この他にも、各種類の複合型や、都市との交流、直売や農産加工活動を取り入れた組織がある。それぞれの集落の個性を活かして、集落のやり方にあった組織をつくろう。

集落営農組織の種類	活動内容
①農地の利用調整のみ （作業は他の受託組織等に委託）	集落の高齢化が進みオペレーターがいない場合に、周辺組織に作業委託する形態。受け皿となる組織をつくり、組織で団地化等の利用調整を行って管理しやすくする。
②管理作業の共同化	管理作業を共同で実施する。
③機械共同利用型	組合で機械を所有し、組合員に貸し出す。
④作業受委託型	機械作業を請け負う組織を結成し、オペレーターが作業を実施する。
⑤担い手集積型 （２階建て方式）	農地利用調整組織（農用地利用改善団体）と担い手組織（オペレーター組織）をつくり、担い手組織が作業受託や農地の利用権設定を行う。
⑥集落農場型 （協業経営型）	組合と組合員が農地の利用権設定を行い、組合が作業を行う。販売収入を組合が一元管理する。

大分県（その２＝関係者向けの「類型別分類」）

Ⅰ農地利用調整のみ実施している組織	52
Ⅱ営農組織（機械の共同利用、農作業受委託がある）	223
Ⅲ協業経営組織（経理の一元化の任意組織がある）	117
Ⅲ特　Ⅲのうち特定農業団体	84
Ⅲ準　Ⅲのうち特定農業団体に準ずる組織	29
Ⅳ法人化組織	131
Ⅳ特　Ⅳのうち特定農業法人	57

注：数値は2009年７月現在。

図１－９　大分県の集落営農の定義

地域農場

①集落を越えた旧村程度の範囲において、
②農業者等の話し合いと合意を基に農地の利用調整を進め、
③水稲を中心とした土地利用型作物の効率的生産体制の確立と
④京野菜や花き等の園芸産地づくり
により、合理的で生産性の高い農業生産を行う仕組み。

注：京都府が、1992（平成４）年度から推進している「地域農業づくり事業」で育成を目指している集落営農。

集落型農業法人

１集落もしくは複数集落（地域）を範域とした集落営農や村づくりの取り組み等が、基盤となって、集落（地域）の合意によって設立され、その構成メンバーの多くが出資や運営に携わり、農業や関連の事業を営む法人。

注：北川太一編著『農業・むら・くらしの再生をめざす集落型農業法人』（全国農業会議所、2008年３月）による。

図１−10　京都府の集落営農の定義

三重県の定義

これまで取り上げてきた府県は、国に先駆けて集落営農を推進してきた「先進県」といってもよい事例であった。そこで、国の品目横断的経営安定対策に歩調を合わせて新たに動き出した県の事例として、三重県の定義を図１−11に示した。集落段階でどのような活動をするのか、具体的に列挙するなど独自の工夫がみられる。

（3）国（農林水産省）の定義

農業統計がとらえた集落営農

集落営農のうち一定の要件を満たすものが国の経営安定対策の対象とされることになったのに対応して、農林水産省では２００５年から大臣官房統計部が全国調査を実

集落の合意に基づき行われる、多様な手法による営農

具体的な推進・支援目標＝「水田営農システムが確立している集落」を400組織育成する。

注：「水田営農システムが確立している」と判断される基準とは、以下の４要件が揃っていることである。

○土地利用調整機能の有無

転作の調整を含む農地の利用調整を行う機関があること。

○担い手の明確化

担い手には認定農業者の他、オペレーターグループ、出合い方式も含める。水稲も含めて地区の水田の担い手が合意されていること。

○担い手への集積ルール

作業料金の設定、委託作業等の申し込み方法、畦畔管理のルールなどの決め事があること。

○地域ビジョン

スローガン、規約の目的などがあること。

図１−11　三重県の集落営農の定義

施して実態把握を行なうようになった。

農林水産省はこの調査の目的を次のように公表している（原文のまま）。

「平成17年3月25日に閣議決定された新たな『食料・農業・農村基本計画』においては、地域における担い手を明確化し、施策を集中的・重点的に実施することとしており、集落を基礎とした営農組織のうち、一定の要件を満たすものについては担い手として位置付け、農地の利用集積を図りつつ、その育成・法人化を推進することが重要な課題とされている。

このため、本基本計画における主要課題である、将来我が国農業の担い手となるべき農業経営の育成・確保を図るため、省内に『地域で考える担い手創成プ

営農組織には含まないこととする。

(1) 農業用機械の所有のみを共同で行う取組

農業用機械を集落で共同所有するが、その利用については、各農家が自作地の耕作等のために個人ごとに借りて行うもの。

(2) 栽培協定、用排水の管理の合意のみの取組

集落内の品種の統一等の栽培協定、集落としての用排水の合理的な利用のための管理のみを行うもの。

図1－12　農林水産省『集落営農実態調査』における「集落営農の定義」

ロジェクトチーム』を設置し、農業関係団体等からなる『全国担い手育成総合支援協議会』と連携し、集落営農の組織化・法人化を始めとする取組方針を17年夏に作成し、これに沿って担い手育成・確保に向けた全国運動を展開しているところである。

これに対応して、集落営農の実態を全国統一的な基準で網羅的に把握し、集落営農の育成・確保施策の企画・立案、推進等に必要な資料を整備することを目的として実施した」[2]。

この『集落営農実態調査』において、調査対象となった「集落営農の定義」を図1－12に示した。幅広くとらえようとする意図は感じられるが、これまで論じてきたような集落営農の3つの機能のうちの「営農活動」に限定した把握である。

さて、この定義に該当する集落営農はどうとらえられたのだろうか、表1－6が調査結果である。

筆者の個人的な感想を述べると、「少なすぎる！」ということである。全国には13万余の農業集落がある（表1－6のC）のに、単純に比較してその1割しか集落営農が存在しない（同じくA）という調査結果なのである。

「集落」を単位として[1]農業生産過程における一部又は全部についての共同化・統一化に関する合意[2]の下に実施される営農（農業用機械の所有のみを共同で行う取組及び栽培協定又は用排水の管理の合意のみの取組を行うものを除く）をいう。

注１）：「集落を単位として」とは

集落営農を構成する農家の範囲が、ひとつの農業集落を基本的な単位としていること。例外として、他集落に属する少数の農家が構成農家として参加している場合や、複数の集落をひとつの単位として構成する場合も含む。

なお、集落を構成する全ての農家が何らかの形で集落営農に参加していることが原則であるが、集落内の全ての農家のうち、おおむね過半の農家が参加している場合はこれを含む。

また、大規模な集落の場合で、集落内に「組（くみ）」など、実質的に集落としての機能を持った、より小さな単位がある場合は、これを集落営農の単位とする。

注２）：「農業生産過程における一部又は全部についての共同化・統一化に関する合意」とは

集落営農に参加する農家が、集落営農の組織形態、農地の利用計画、農業用機械の利用計画、役員やオペレーターの選定、栽培方法等、集落としてまとまりを持った営農に関するいずれかの事項について行う合意をいう。

具体的には、次のいずれかに該当する取組を行っているものをいう。

１　集落で農業用機械を共同所有し、集落ぐるみのまとまった営農計画などに基づいて、集落営農に参加する農家が共同で利用している。

２　集落で農業用機械を共同所有し、集落営農に参加する農家から基幹作業受託を受けたオペレーター組織等が利用している。

３　集落の農地全体をひとつの農場とみなし、集落内の営農を一括して管理・運営している。

４　認定農業者、農業生産法人等、地域の意欲ある担い手に農地の集積、農作業の委託等を進めながら、集落ぐるみでのまとまった営農計画などにより集落単位での土地利用、営農を行っている。

５　集落営農に参加する各農家の出役により、共同で（農業用機械を利用した農作業以外の）農作業を行っている。

６　作付地の団地化など、集落内の土地利用調整を行っている。

ただし、以下に該当する取組のみを行う組織については、集落

表1－6　集落営農の地域別展開および増加状況

	A 2009年 集落 営農数	B 関係 農業 集落数	C 2005年 農業 集落数	B/C 展開率 %	D 2005年 集落 営農数	(A－D)/D 増加率 %
全国	13,438	27,535	134,197	20.5	10,063	33.5
北海道	289	687	6,775	10.1	396	▲27.0
東北	2,981	5,601	17,085	32.8	1,624	83.6
北陸	2,079	2,813	10,747	26.2	1,912	8.7
関東・東山	908	3,056	24,165	12.6	463	96.1
東海	787	1,690	11,343	14.9	753	4.5
近畿	1,769	2,292	10,454	21.9	1,585	11.6
中国	1,726	3,492	18,746	18.6	1,586	8.8
四国	368	1,470	10,780	13.6	193	90.7
九州	2,525	6,417	23,416	27.4	1,545	63.4
沖縄	6	17	686	2.5	6	0.0

注：1．A、Dは『集落営農実態調査』による。
　2．Bは『集落営農実態調査』から筆者が作成した。ただし、地域別の関係集落数は、報告書の「5集落以上」の欄を全国平均の「12集落」と置き換えたうえで計算しなおした推計値であり、実数とは異なる。
　3．Cは、『2005年農林業センサス農山村地域調査および農村集落調査報告書』の「耕地のある農業集落数」である。

複数の集落にまたがって活動している集落営農もあるので、それを加味したのが関係農業集落数（同じくB）であり、農業集落のうち集落営農に取り組んでいる農業集落（関係集落）の割合を示すのが展開率（同じくB／C）である。

その展開率には地域差があることは関心をもつべきだがここではあえて論じないことにして、展開率の絶対値が小さすぎると指摘したいのだ。

北海道で減少していること、沖縄で変化がないのを除くと、ほかの地域ではこの4年間に増加を示している。それにしても、この調査がとらえた「集落営農に取り組んでいる集落」の割合は少なすぎる。「農業集落はさまざまな協同活動を展開しているものだ」というのが「共通理解」だったのだが、この調査結果はあまりにもかけ離れている。

いずれにしても、ここでは、農林水産省が「一定の政策意図にもとづいて定義や基準をつくり、それに従って調査・公表された集落営農の実態」が表1－6であることを確認しておくことにしよう。

政策対象としての集落営農

２００７年度から実施された「品目横断的経営安定対策」（のちに「水田・畑作経営所得安定対策」に改定）において、「一定の要件を満たす集落営農」が育成・支援の対象として位置づけられた。この「一定の要件」とは次の３つの要件をすべて充足することである。

（ア）経営規模要件（政策対象となる作物の経営面積が原則として20ha以上、ただし地域によっては基準の緩和あり）

（イ）法人化要件（農業生産法人であるか、５年以内に法人化することが確実であること。非法人の場合は経理の一元化）

（ウ）主たる従事者の農業所得目標（市町村の認定農業者に準ずる）

このように政策対象として位置づけられたからといって、政府（というのは09年の衆議院議員の総選挙で下野した自民・公明連立政権）が直ちに「集落営農そのものを」諸府県と同じような見方で、育成・支援の対象と考えているわけではない。

そもそも政府には、すでに紹介した諸府県のような「集落営農法人や集落型法人」という概念はなく、前記の3条件を満たす集落営農は、政府の立場からみれば「法人経営体」そのものなのである。

このことは、農林水産省が公表している「水田・畑作経営所得安定対策（旧品目横断的経営安定対策）加入申請状況」統計では、法人化し認定農業者となった集落営農は「法人経営体」として合体されており、「特定農業団体及び特定農業団体と同様の要件を満たす任意組織」のみが集落営農として位置づけられていることにも現れている。

すなわち農林水産省では、集落営農は「大規模法人経営体への過渡的な手段」と位置づけていると判断される。もしそうであるなら、農林水産省は集落営農法人と「私企業としての法人経営体」を混同する誤まりを犯しているか、承知のうえで曲解しているのであり、後述するように重大な政策ミスである。

集落営農を正しく理解し、集落営農法人を政策上に明確に位置づけて育成・支援している「集落営農先進県」から、国は学ぶべきである。

なお、民主党中心の連立政権になって農業政策は大きく転換されるようである。２０１０年3月末に閣議決定された、新たな「食料・農業・農村基本計画」によると、集落営農は「多様な担い手」のひとつに位置づけられている。旧政権が現場の情報に接しつつ、少しずつ集落営農を評価する路線へと軌道修正を始めたのかと期待を抱きつつあっただけに、新政権の「基本計画」で集落営農の影が薄いのは残念である。そのうち、農業・農村の再生のために真剣に集落営農を学ばざるを得なくなるであろう。

注

（１）池田太（富山県農業技術課職員）「集落営農組織の法人化等への安定対策が及ぼした影響」（『農業と経済』２００９年11月号所収）による。富山県の定義（図１－６）も池田論文による。

（２）農林水産省統計部『平成17年　集落営農実態調査報告書』（２００６年３月）１ページ。

3　集落営農を再定義する
―「社会的協同経営体」―

前節において、集落営農をどう理解するか、「集落営農の定義」について、いろいろな考え方を紹介し検討した。それらもふまえて筆者自身の集落営農の定義を提示・提案したい。

地域住民の主体的協同活動

集落営農とは、農業をはじめ地域が直面している諸問題を解決し、人びとが張り合いをもって働き、いきいきと暮らし続けることができるようにするため、地域や集落で相談し、話し合い、知恵を出し合って取り組む協同活動である。

それは次の３つの分野の協同活動が結び合わさったものである。

（Ａ）「地域環境の維持保全の協同」＝地域社会が存続するための基盤である農地・農道・水利施

設・溜池・里山などの地域資源を公益的に共同管理し、より高度に活用するための協同活動

(B)「生産の協同」＝農地等の地域資源と地域の労働力（人材）、資金（資本）、情報等を結合・結集した協同生産活動

(C)「暮らしの協同」＝人びとが安心して暮らし、充実した人生を送れるよう、支え合い助け合う地域の自治・生活福祉の協同活動

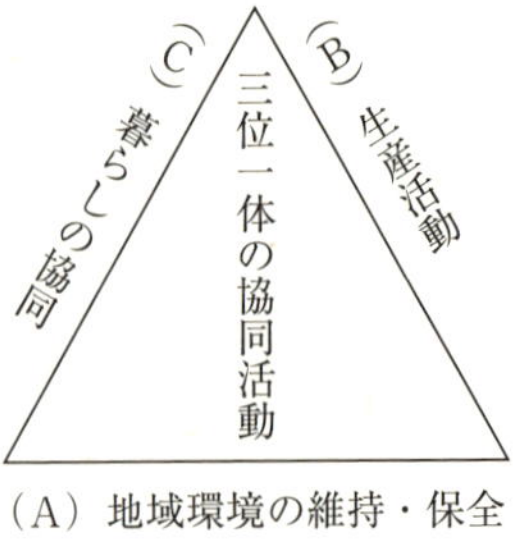

図1-13 集落営農とは地域住民の3分野の協同活動の結晶

この3分野の協同活動は、図1-13のように、分割することができない「三位一体構造」で結合している（34ページの図1-4で3つの「機能」の三位一体の有機的複合体として集落営農を説明したのは、まさにこの3つの協同活動の結晶なのである）。

社会的協同経営体による協同活動の持続・再生産

「社会的協同経営体」とは、私的利益を追求する「私的資本」とは異なる、地域社会の公益を目的に拠出され蓄積・管理される「社会的資本」によって、持続的に「経営体」として運営される自治的組織である。

農業・農村が直面している問題を解決し、地域社会を支えていくための協同活動は、1回限りの催し物《イベント》やお祭りでは目的を達成することはできない。活動が持続的に再生産できる社会的な仕組み

や組織が不可欠であり、それが「社会的協同経営体」なのである。

たとえば、以下のような事柄がさしあたりまとめなければならない論点であろう。

○メンバー（参加範囲）　どういった範囲の人びとに声をかけるのか、農家だけなのか、家（世帯）単位なのか、男女の別、年齢……など

○何をするのか（活動範囲・目的）

○必要労働力　どのくらいの労働力が必要なのか、それをどうやって確保するのか、共同出役方式でやれるのか、何人か中心的に労働力を出す人（オペレーター）を必要とするのか、その候補はあるのか……など

○必要資金と調達方法　協同活動のためにどのくらいの資金が必要なのか、それをどうやって調達するのか、構成員からの出資金をどう決めるのか……など

○運営のための組織・規約・役員　相談し合意された結果を実行していくため組織をどのように立ち上げるのか、誰が役員を引き受けるのか……など

○総合調整　既存の組織との利害調整、これまでの慣例や運営合意との整合性、場合によっては過去の慣行や運営方式を廃止し改めることについての確認・合意……など

ここで念のために補足しておくと、「集落営農」という用語は、「集落を単位として、あるいは個々の集落ごとに」「農作業を協同で行なう」というふうに活動範囲を狭く限定的に考えてしまう傾向があるが、その実情や活動目的の必要に応じて、歴史的に親密な関係にある数集落で連携したり、旧村

や学校区などのまとまりのある範囲など柔軟に結集することが望ましい。

さらに活動内容についても、農業生産に限定した協同活動にとどまらず、前述したように幅広く展開したほうが、より多くの地域ニーズに対応できることになる。

2階建て方式の地域営農システム

地域営農システムとしての集落営農をそれぞれの地域や集落で実践するにあたっては、これから説明する「2階建て方式」に取り組むことを提案したい。

①なぜ「2階建て方式」と名づけたのか

「2階建て方式」と命名した理由は、図1-14を見てもらえればすぐに理解されるだろう。すなわち、集落営農の3つの機能のうちの地域資源等の共同管理や話し合い=調整機能を「1階にあたる組織」が担い、生産活動・実践活動を「2階にあたる組織」が担当するように有機的構成体として組織する。それは、あたかも「2階建ての住宅」のように見えるからである。

②「平屋《ひらや》（1階建て）方式のぐるみ型組織」との違い

これに対して、「集落の全農家（大部分の農家）がみんなで合意し、全戸が出資して構成員となり、全戸が農地を組織に利用権設定し、全戸が労働力を出し合い、全戸が輪番で役員を引き受けて運営する」のが、「1階建て（平屋）方式」である。これは、ある意味では理想的な組織形態であるが、集落の構成員の均質性が保持されている場合にのみ存立できる形態であり、地域の実態に照らしてみれ

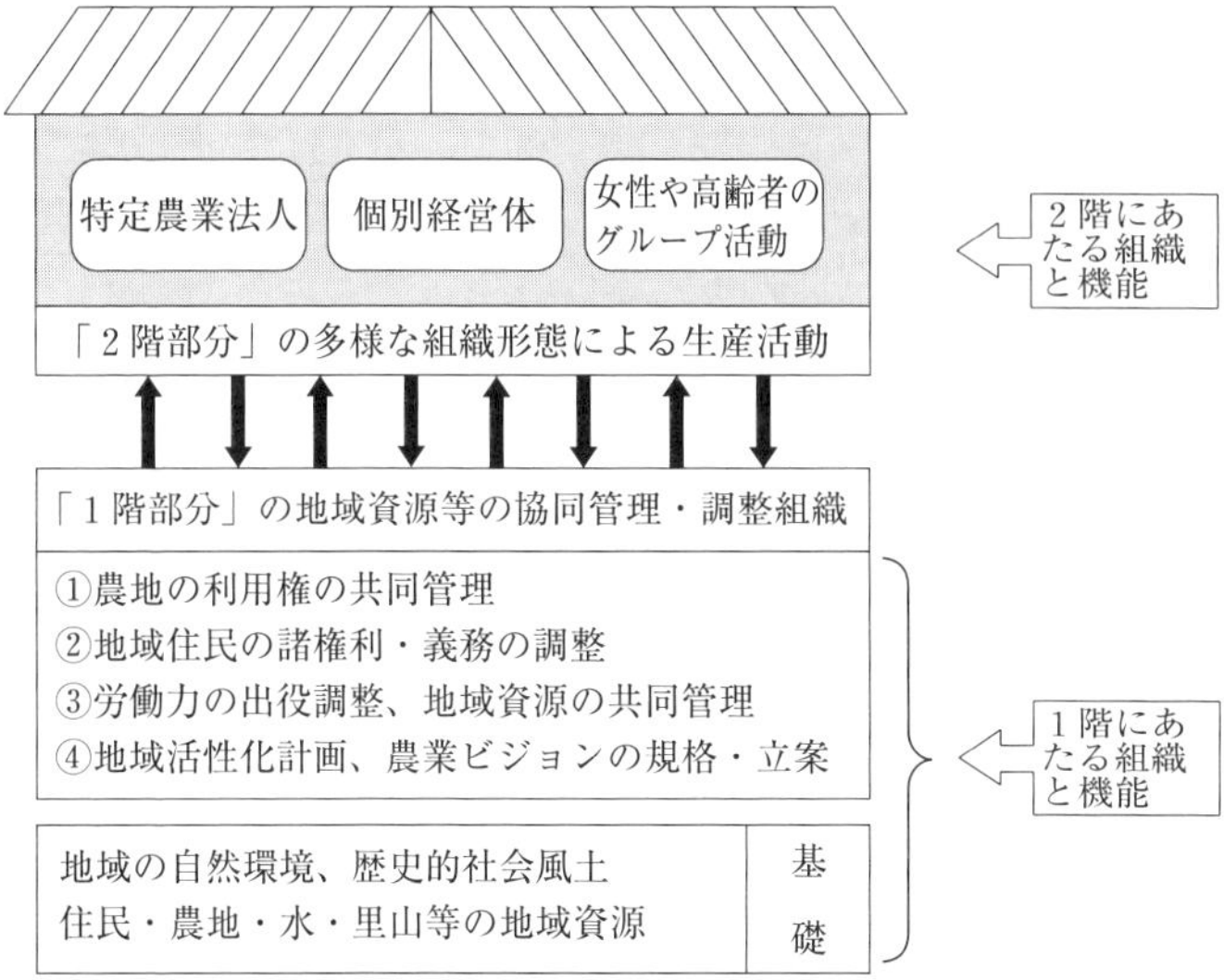

図1-14　「2階建て方式地域営農システム」の考え方——基礎・「1階部分」・「2階部分」からなる有機的構成体——

ば現実的ではなくなっている。

すなわち、お年寄りのひとり暮らし世帯、高齢者夫婦だけの世帯や兼業で多忙な世帯が増加し、農地は預けたいが、役員やオペレーターになるのは無理だったり、出資はしたくないあるいはできない世帯もいる。このような農村社会の実態を考えると、「構成員が1人1票の平等の権利をもち、平等に負担し、均等に分配する」という建て前は、すでにあてはまらなくなっている。理想ではあっても、現実的ではなくなっている。

しかし、2階建て方式で、たとえば1階は「全戸参加の平等原理」で運営し、2階は現実に合わせて能力のある者が組織・運営する「オペレーター方式」なら解決できるのである。

③「2階建て方式」のメリット

ⓐ1階部分と2階部分の構成原理や運営方式を、いわば「一国多制度」で柔軟に組織することが可能である。

すなわち、1階組織と2階組織の構成員が（一部）異なっていてもよいし、1階部分は家（世帯）単位の集落原理で組織し、2階部分は個人単位で組織することも可能である。また1階は農地の地権者全員で組織し、2階は非農家や地区外居住者の参加を認めることも可能である。

ⓑ2階部分に多様な主体の共存が可能

大規模個別営農志向者やどうしても集落営農に参加したくない高齢農家なども、「地域営農システムを構成する多様な経営主体」として位置づけて参加させ、それぞれの農地の利用を認めれば、後述するようにそれぞれがメリットを享受しながら共存し、地域の農地等の高度活用が実現できる。

さらに、大規模個別営農志向者に理解を求め、納得・賛同が得られたなら、当該大規模志向者は2階組織の経営者や中心的オペレーターとして手腕を発揮することができ、低リスク・低負担で夢を実現することが可能になる[1]。

ⓒ多様な人材を「2階建て方式」で活用できる

最近の農村は、さまざまな職業経験をもった多様な人材が居住している。ところが「ムラの原理」で動いている集落では高齢の家長たちが取り仕切っていて、より若い世代（定年帰村世代も

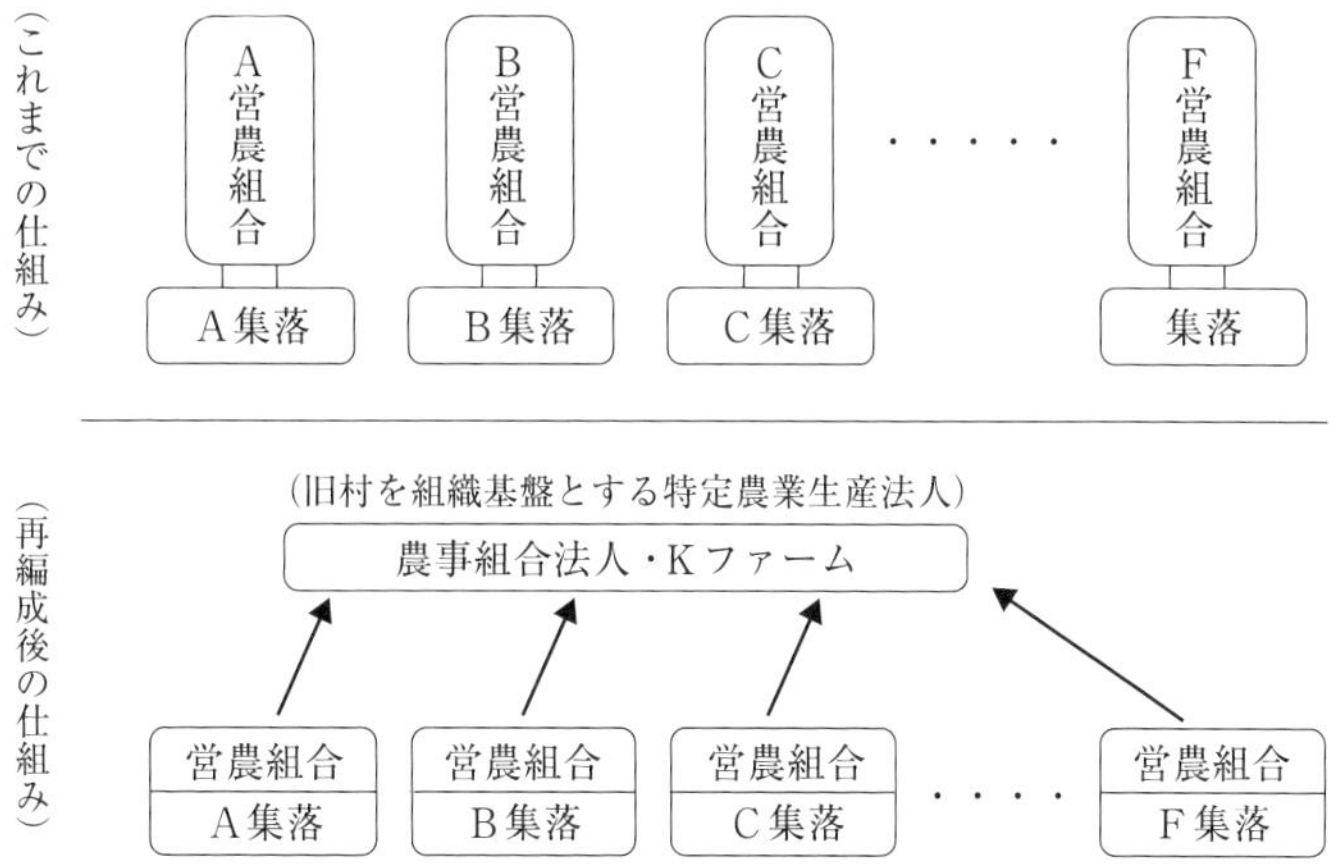

図1-15　旧来の集落組織から旧村（学校区）組織への再編・活性化

含めて）には出番がないことが、問題視されている。

社会経験豊かな高齢者たちは1階組織でその「調整能力」を発揮し、より若い世代は2階組織でその「マネジメント能力」を生かせば、地域の人材パワーはフル稼働できるであろう。

ⓓ高齢化・過疎化した集落機能の再編成

高齢化・過疎化が進行して機能低下した集落単位の組織を、図1-15のように、1階部分はまとまりのよい旧来の集落単位のままで残し、2階部分の機能は旧村（学校区）単位に再編・統合することによって活性化することも可能である。

この応用問題になるが、集落機能が弱体化している集落で、2階部分の実働組織はつくれなくても、1階部分の「集落の何haかの農地の共同管理組織」と、さらに必要に応じて農業機械を共同でそろえておくことができれば、近隣の2階組織や個別認定農業者、あるいは土建業者、場合によっては新規就農希望者（いわゆるＩターン就農者）など多様な選択肢を2階部分に乗っけることが可能になるのである。

なぜ「2階建て方式」を提唱するのか

およそ60年前、世紀の大改革として実施された農地改革によって農村は民主化され、「戦後自作農体制」が成立した。自ら所有する農地を、家族労働力で耕作し、独立した経営者であるという個別営農体制は、農民たちの勤労意欲を大いに刺激し、わが国の高度経済成長の原動力となった。

しかし、その後の経済・社会のグローバル体制への移行を背景として、「戦後自作農体制」は急速に解体しつつあり、農業・農村は大きな危機に直面している。１９６１年の農業基本法制定以来の長い紆余曲折を経て、前政権の市場原理主義路線の構造改革農政が展開されたのである。すなわち経営規模拡大路線がそれである。

高齢・零細規模農家の農地を少数の担い手経営者に集約し、「効率的かつ安定的な経営体」を育成しようとする農政の帰結は、多数の在村離農者を生み出し、地域の活力を急速に喪失させてしまうであろう。

そうではない方法で、地域の活性化と農業の再建を両立させる唯一の道が、2階建て方式の地域営農システムとしての集落営農なのである。〝元気な地域〟が〝活力ある農業〟を支え、〝元気な農業〟が〝活力ある地域〟を養うという関係を実現することが集落営農の目標なのである。

農地の個別所有権はそのまま保障し、1階部分にその利用権（耕作権）を共同管理する組織をつくる。わかりやすくたとえれば、1階組織は「地権者組合、地主組合」でもある。2階部分に、その農地を借りて効率的な農業経営を行なう組織を別につくるのである。そこで、農地の耕作権を組織に提供した農家も、希望者は出資して2階組織の構成員となり、希望すれば生涯現役で能力に応じて、生き甲斐と張り合いをもって働き続けることが保障される仕組みである。

ⓐ集落営農が軌道に乗った段階では

①個別農家は、機械・設備の購入のために資金を支出する必要がなくなる。

②個別農家は、種苗・肥料・農薬・水道光熱費などの農業経費を個別に支出する必要がなくなる。

③個別農家は、集落営農組織から地代・出役労賃・役員報酬・管理委託料・配当などを分配されるが、それは全額「純所得」であり、手取りになる（これに対して、4～5haの個別稲作は赤字である）。

ⓑ集落営農には、農家・非農家の別なく、年齢の如何、男女の性別を問わず希望者は全員参加し張り合いをもって働き、報酬を受け取ることができる。地元出身で都市に住んでいる人、提携関係にある消費者や企業も構成員になって共存共栄できる。

ⓒ集落は「家の連合会」、集落営農は「志をもった人の結合体」である。1軒から家長（経営主）ひとりだけが構成員として参加するのは1階組織。2階の組織には奥さんも、他産業に勤めている後継者もその若妻も、希望者は全員が構成員として運営に参画し、活動することができる。

ⓓ地域の農地を集約して、適地適作・適季適作でより高度に活用し、地域の農業産出額を増加させ、地域の所得を増大させ、地域活力を高める。

ⓔ中山間地で悩みの種となっている耕作放棄地の発生防止、猪などの「獣害」防止にも有効で、高齢者も「自分が地域から必要とされている」という張り合いをもつことができ、互いに声をかけ合い、励まし合いながら、安心して住み続けることが可能である。

筆者の以上のような見解、「地域営農システムとしての2階建て方式の集落営農」こそが日本農業の将来展望を切り開く唯一の道であるとの積極的評価は、筆者だけの主張ではない。今から35年も前に書かれた相川哲夫教授（当時は茨城大学農学部助教授）の次の文章を再発見し、大いに賛意を表するとともに、激励された思いがするのである。

「この調査研究における結論は、農業進化のムラぐるみの道ということであり、いわゆる自立農家の育成発展は兼業農家もかかえこんだ小農連合組織としての集落組織の近代的再生のなかにおいてのみ自らの活路を拓くことができるのではないかということである。それを『集落営農』という概念で把握して、既往の農業進化の個別主義的な『近代化』の道に対比させて、日本農業──それは欧米型の農業とは言葉の深い意味において異なる──に土着・伝統のムラ的小農連合組織として、集落営農化の道を主張するものである。そして、こうした主張の基礎には、事柄の本質において『日本農業はムラの農業である』という認識から、今日の大規模・高度化してきている農業生産力段階においてこそ、この『ムラ的アグリシステム』化の道に、昨日の停滞を明日の飛躍の活路となしうるエネルギー源を認めようとするものである」[2]。

相川教授は、「ムラ」＝封建制的残滓＝農業進歩に対する桎梏《しっこく》、という間違った共同体論にもとづく「個別主義的自立経営育成」路線としての農業基本法農政を論理的に根底から批判する。そして、飯沼二郎、守田志郎、吉田寛一氏らの「近代化農政批判」の主張を紹介・整理・論評した後、重ねて次のように結論している。

「『ムラの農業』という日本農業の伝統的な本質は、農業進歩の停滞や阻害要因であるどころか、むしろ今日の生産力段階においては、農業進歩の最も有利な条件として生かされることのできる可能性を秘めているというべきではないのか。このことは、もとより、一部の既出見解（引用者注、守田志郎氏らの主張を指す）のように昔の『ムラ』にそのまま帰ることを意味するのではない。**より高次の形態における新しい『ムラ』の再生である。生産過程の社会化を物質的条件に、小農連合による『ムラ』再編のエネルギーを掘り起すという方向**にこそ、今日の日本農業の進むべき最も基本的な発展の道ではないのか、ということである」[3]。

引用に際して太字で強調した部分を、より具体的・現実的なかたちで構想したものが、筆者が提案している「地域営農システムとしての2階建て方式の集落営農」なのである。

注

（1）大規模個別担い手（家族経営であれ法人経営体であれ）に地域の農地を集積・集約する構造改革路線

1．農地購入に伴う多額の資金負担

①10a50万円として、5 haで2500万円。

②これを借入金で調達した場合、20年分割返済でも毎年300万円近い元利負担になり、利益を圧迫。

③農機具等の償却資産と異なり、農地購入に投下した資金は減価償却という手段を用いて回収することができないので、資金の固定化というリスクが発生する。

④農地価格は長期的に低下が続くので、所有する農地の資産価値の減額（評価損）というリスクが発生する。

2．借地（作業受託）面積拡大に伴う負担増

①耕作農地の広範囲への分散化。農機の移動負担増による作業効率の低下・労働負担増。

②多額の借地料支払い負担による資金繰りの悪化（作業受託の場合を除く）。

③複数（何十にも達する可能性のある）集落に耕作農地が散在し、各集落の生産組合に加入して、農道・水路維持等の共同作業の出役負担が生ずる。兼業農家に配慮して土・日・祝日に設定されるので、重複し、労働派遣が不可能となり、面積割の組合費のほかに出不足金支払い負担が生ずる。

④多数の農地所有者（受託者）と、契約条件の交渉や農業委員会・土地改良区・共済組合等関係機関との手続きが必要。

3．耕作・作業面積の増大に対応して多額の農業機械・装置のための資金負担が増加する。

4．雇用労働力への依存が高まり、人件費負担が増大する。一部地域では人件費の軽減のため外国人労働力雇用が増加しており、地域社会との軋轢など問題を抱えるケースもみられる。

図1−16　個別規模拡大方式の経営上のリスク

の場合、経営規模拡大を続ける「地域の担い手経営者」は、図1－16に例示するような非常に大きな精神的・経済的負担と経営リスクを背負うことになる。そのような少数・特定の個人に地域の大部分の農地の経営を委ねてしまい、万が一、病気・事故や経営破綻でその経営者が倒れて営農が継続できなくなった場合には、地域社会が大混乱になるリスクを背負う。実際２００９年に富山県で70haもの農地を借りて経営していた有限会社が資金繰り倒産し、その法人経営体に農地を貸していた何十人もの兼業農家は大いに困ったという事例が発生した。

ここで論及する「個別規模拡大方式の経営上のリスク」のうち、１の農地購入にともなう資金調達＝資金繰り問題に関して多くの読者は、「農地は購入するのではなく、借入れすればよい」と考えるかもしれない。当初は借地でも、最終的には地主から買取りを請求されることになるのだ。県の農地公社が一時保有する農地を借りた場合でも5ないし10年後には買取りを請求される契約になっているのである。

最大の問題は、個別家族経営の経営能力の欠如である。これまでもそうであったように、多数の農家の経営破綻を招来することは必至であろう。もっとも、政府がそのような荒療治をねらっているとすれば話は別である。霞が関の農政官僚がそこまで「市場原理主義」に徹しているかどうかを見極めるには、もう少し時間が必要であろう。

必要労働力をどのように調達確保するかが、やがては最大の問題として経営者たちの前に立ちはだかることになる。

（2）相川哲夫『集落営農化の基礎構造』（茨城県農林水産部教育普及課、１９７５年2月）、２ページ。茨城県農林水産部では、当時、農業改良普及事業を所轄する教育普及課を中心に農業振興パイロット集落設置事業を推進しており、75年度から「集落営農組織整備推進事業」を検討中であった。その理論面での論理構成を相川氏に委託しており、本書はその調査報告書である。茨城県と相川哲夫氏が「集落営農」の名づけ親かもしれない。なお、相川氏は農政調査委員会編『農業の組織化』（75年3月）所収の「集落営農化の基礎」という論文でも同様の主張を述べている。

（3）前傾報告書、21ページ。

4　集落営農の経営上の優位性

—最も効率的で持続性のある経営方式—

（1）集落営農の経営組織としての本質

これまでの説明でも明らかなように、集落営農は、地域住民たちが経営に必要な資金（資本）を小額ずつ出資し、必要な労働力を構成員（出資者）が分担して提供・就労し、経営に参画する「協同組織」＝「社会的協同経営体」である。

その目的は、地域を再生し、住民が張り合いをもって働き、安心して暮らせる地域社会をつくることである。その意味において、組織形態がたとえ「株式会社」であっても、公益資本、社会的企業、コミュニティビジネスである。

さらに、農業生産活動については、最も重要な生産基盤である農地という固定資本も構成員（出資者）から借りて経営し、その対価として「地代」を支払っていることに注目しなければならない。すなわち、経営体としての集落営農の「損益計算書」上は、労賃・地代・委託料（借りている農地の畦畔の草刈りや水管理を地主に委託した対価）などは「経費」の支出であるが、これは構成員（出資者）にとっては「所得」の受取りになる。

　これが、「協同組織」としての集落営農の経営上の特質であり、同時に最大の強味にもなるのである。すなわち、収益（収入）から経費を差し引いた利益は、利潤追求を目的とする私企業であれば資本家（出資者）の取り分として配当され流出するのに対して、協同組織（公益＝共同資本）の集落営農の場合は、活動の成果としての共同の財産として経営内部に積み立てられる（もちろん、税法によって利益には課税されるが、「経営強化積立金」として積立てすれば非課税となる。第２章の３も参照）。これが経営を充実・発展させるための設備投資の原資や運転資金として活用できるので、経営的に有利である。

　このことを、ある集落営農法人（農事組合法人）の決算書で説明してみよう（図１－17）。

　この法人は、農業経営基盤強化準備金として５００万円を積み立て（損益計算書で「特別損失金」として控除）したうえで、さらに３３１万円余の当期利益が発生した。この処分方法を総会に議案として諮り（図１―17のA）、提案どおり承認された。すなわち、当期利益は出資配当金等として流出させることはせず、全額を準備金と積立金として内部留保している。この法人では設立以来、当期利益を全部内部に積み立てているが、このことを法人の「定款」に定めており、それに従っているのだ。

　ここが、利潤追求を目的とする私企業（いわゆる担い手型の農業法人も含まれる）と根本的に異な

A　平成20年度決算総会議案書より

平成20年度剰余金処分（案）

当期末処分利益金 3,312,930円は、定款第40条、第41条により 331,293円を準備金に、2,981,637円を特別積立金として積立てる。

B　平成21年１月１日現在貸借対照表（抄）

(1) 資産の部合計	34,075,655円
(2) うち普通預金	4,994,018円
定期預金	23,000,000円
(3) 資本の部	21,407,351円
うち資本金	8,662,000円
利益準備金	1,274,992円
特別積立金	11,470,359円

図１-17　ある集落営農法人の決算資料

るところである。一般的に、ほとんどの農業や中小商工業の同族法人では、いわゆる「ドンブリ勘定」で「節税」を強く意識した決算書が作成されている。その結果、内部留保は少なく、経営者の家計部分に目一杯資金を流出させてしまっており、流動資産の現金・預金の手持ちが非常に少ない。設備投資や運転資金も借入金に依存する割合が大きく、財務体質が脆弱で資金繰りに苦しむケースが少なくない。

　そもそも「協同組織」あるいは公益的（社会的）資本を特質とする集落営農では、組織の経営資本は特定の個人の所有物ではなく「地域の共通（有）資本＝公共財」なのである。そのことが十分な資本の蓄積を保障し、経営上の優位性を担保しているのである。

　政府や一部の研究者たちが、集落営農は経営規模拡大の手段であり、大規模農業法人成立までの過渡的な形態であると考えている（本章2において、政府が発表する統計では「特定農業法人になった集落営農」を一般の担い手型農業法人と混同・合算していることを批判したことを想起せよ）のは、以上の意味において間違っている。

繰り返すが、集落営農は利潤追求型の私企業とは異なる、公益的社会企業（地域の公共財）なのであり、そのことが経営体としての優位性（強味）の源泉であることをまず押えておこう。

(2) 集落営農の経営上の優位性

集落営農、とくに法人化された組織は、前述したような「2階建て組織」にすることによって、ほかの個別経営体（大規模家族経営）および法人経営体（協業型または個人オーナー型）のいずれと比較しても、経営上の合理性をもっており、したがって優位性がある。すなわち、現段階で考えうる最もすぐれた経営組織である。

①農地を連担化して集積し、効率的に高度活用できる。

地域の数十ha、場合によっては数百haの農地を連担化して集積し、最小限の農業機械と少数のオペレーターで効率的に耕作する。多くの場合、組織の設立に際して参加する構成員が個別所有する農業機械を処分したり持ち込まないという合意をすることによって、固定費が激減し、生産費を節減できる。

農地を、まとまったかたちで集積管理できるので個別営農では不可能な適地適作・適季適産で多品目を年間通して切れ目なく生産できる。

これに対して、個別大規模経営体（家族経営体および法人経営体のいずれも）は申し出のあった委託者から、その都度バラバラと農作業や農地を引き受けていくので、経営する圃場が広範囲に分散し、作業効率が低下し、経営のマイナス要素となる。
②地域に居住する多様な人材を適材適所で組み合わせて活用することができる。
今、日本の農村は最も人材力に恵まれている。とくに60歳以上のさまざまな社会的訓練を受け、職歴をもった退職者世代は年金所得もあるので労賃も相対的に低く抑えることができる。

これに対して、個別大規模経営体の最大のネックは労働力不足であり、外国人研修生への依存を深めているが、不安定かつ非効率（言葉の壁があり意思疎通が不十分）であり、ともすれば社会的あつれきを惹起しかねない。
③多数の構成員から小額ずつ出資金を集めることによって必要資本を調達できる。
これに対して、個別大規模経営体は個人のリスク負担で何千万円ないし何億円もの資金を投下する必要があり、それができる者はごく限られた少数にとどまる。
④集落営農に参加した者は、出資金以外は農業経費の支出負担が不要となり、きわめて合理的なかたちで、「生涯現役」で張り合いをもって働き続けることを保障される。
これに対して、個別大規模経営体に作業や農地を委託した多数の高齢・兼業農家は、その時点で廃業＝在村離農者となり、定住意欲が低下し、地域社会の活力衰退を避けられない。

⑤地域の既存の遊休資産を再活用することで、低コスト・高収益が実現できる。

自治体や農協の合併、少子高齢化や経済のグローバル化など、さまざまな事情で、地域には過去に補助事業などで建設したが、すでに遊休化したり、低稼働で遊休化しそうな公共財がいくらでも存在している。たとえば農業倉庫、育苗用ハウス、ライスセンター、農協事務所等をあげることができる。集落営農法人は、公益的地域社会法人という性格の特質上、これらの公共財を受け皿として活用できる可能性が大きい。新規投資を節約でき、かつ低廉なリース料でこれらを活用できる。

以上、どのような視点に照らしてみても、集落営農はきわめて合理的で、効率的かつ持続性にすぐれた経営組織であることが実証されている。

5　進化する集落営農の大きな可能性

(1) 集落における協同活動の盛衰

本章3で定義したような「地域住民の協同活動」としての集落営農は、歴史的にみても広く深く、農業生産活動・生活・文化・環境など多分野において取り組まれてきた。

約60年前の農地改革によって、農村社会は新しい時代を迎え、「経済的・精神的に自立した住民」によって構成される「地域コミュニティとしての自治集落」として再出発した。

農業生産を維持・増進するための協同活動の分野では、水利施設の維持管理、共同苗代・共同田植え・共同防除などの共同作業、農繁期の労働力不足に対応する結《ゆい》・手間替えなど……。

生活改善・居住環境・文化運動の協同活動の分野では、生活物資の共同購入運動、農繁期共同炊事・共同保育、簡易上水道、台所改善、公民館結婚式、自給農産物の共同加工など……。農村民主化のエネルギーの高揚は、食料増産運動、明るい村づくりといった雰囲気のなかで大きなうねりのように盛り上がったのであった。

しかし、こうした協同活動は、経済の高度成長時代とともに大きな転機を迎え、低迷・衰退の方向へと向かった。その大きな契機となったのは、農業生産面では耕耘機・田植機に代表される農業機械化であり、それによって共同作業は解体し、個別生産・個別営農が主体となる。

生活分野では、広範な農家の兼業化がすすみ生活時間がバラバラとなり、獲得した兼業収入によって生活電化ブーム、マイカーブームが押し寄せ、協同活動・グループ活動は衰退・消滅へと向かっていった。

このような生産・生活両分野における協同活動の衰退・消滅の流れに追討ちをかけたのが、昭和28～31（１９５３～56）年頃に実施された市町村合併（いわゆる「昭和の大合併」）と何回も繰り返される農協合併であった。

（2）集落営農復活への2つの水脈

一度は衰退したかにみえた集落営農は、昭和40年代に入って2つの源泉から噴き出した流れが、途絶えることなく水脈を形成して復活への流れをつくりだす。

①官製の「集落営農」の流れ

法律によって制度化され、補助金と低利融資を推進手段として、長期にわたって継続的に実施されてきた一連の「農業構造改善事業」「農業生産総合対策事業」など。

これらの補助事業では、農業倉庫・カントリーエレベーターやライスセンター、園芸産品の集・出荷施設、育苗施設、加工施設、高性能大型機械……などの「農業近代化施設」が全国各地に建設・設置された。

これらの施設の受益者（利用者）は、受益者を構成員とする組合を組織し（農事組合法人の場合もあるが、ほとんどが任意組合）、定款や利用規定・会計規則などを整備し、役員を選任して運営するよう指導され、それが補助金交付の条件となった。この組織の名称は、事業内容や地域によって異なるが「○○生産組合」「○○利用組合」「○○営農組合」……といった名称の組織が多い。

昭和40年代に設立され、今日なお活動を継続している組織もあれば、その後の環境変化に対応できずに解散したり、活動中止に追い込まれたりしているものも少なくない。

このような補助事業による施設整備とそれを利用する農民が結成した組織、50年近くにわたり継続的に実施されてきた、政府主導による政策手法は、農業生産活動、それも大量生産・大量流通体系に特化した「官製の集落営農」としてとらえることができよう。

実際、このような補助事業の「受け皿」組織が母体になったり先祖になっている集落営農組織も数多く存在している。

②地域のニーズを背景に生まれた「集落営農」の流れ

本章1の（2）や2の（2）で紹介した、「集落営農先進県」ともいうべき島根県や富山県などの事業も、かたちのうえでは「地方政府」である県が中心的役割を果たしながら、地域が直面する課題を解決するための手法として取り組んできた「事業」である。しかし前項の国主導の補助事業と対比してみると、「地域の活性化ないし再生」を内容とする事業でもあるが、同時に「運動」という性格が強いことがわかる。

また、農業生産の復興による農業所得の増大をめざすという目的も重視されていることは当然であるが、それと並んで、場合によっては地域社会の維持、集落活動の活性化などが主目的に掲げられているなど、より幅広い活動を特徴としている。

①の農業生産の振興に特化した事業の受け皿としての「共同生産活動」の流れ、②を源流とする「地域活性化のための協同活動」の流れが、農業・農村が直面する課題を解決するための「地域営農システムとしての2階建て方式の集落営農」という方向へ合流し、再構築されることを通じて、大きな可能性をもつ仕組みへと発展し、進化を続けている。

（3）集落営農組織の段階的発展過程

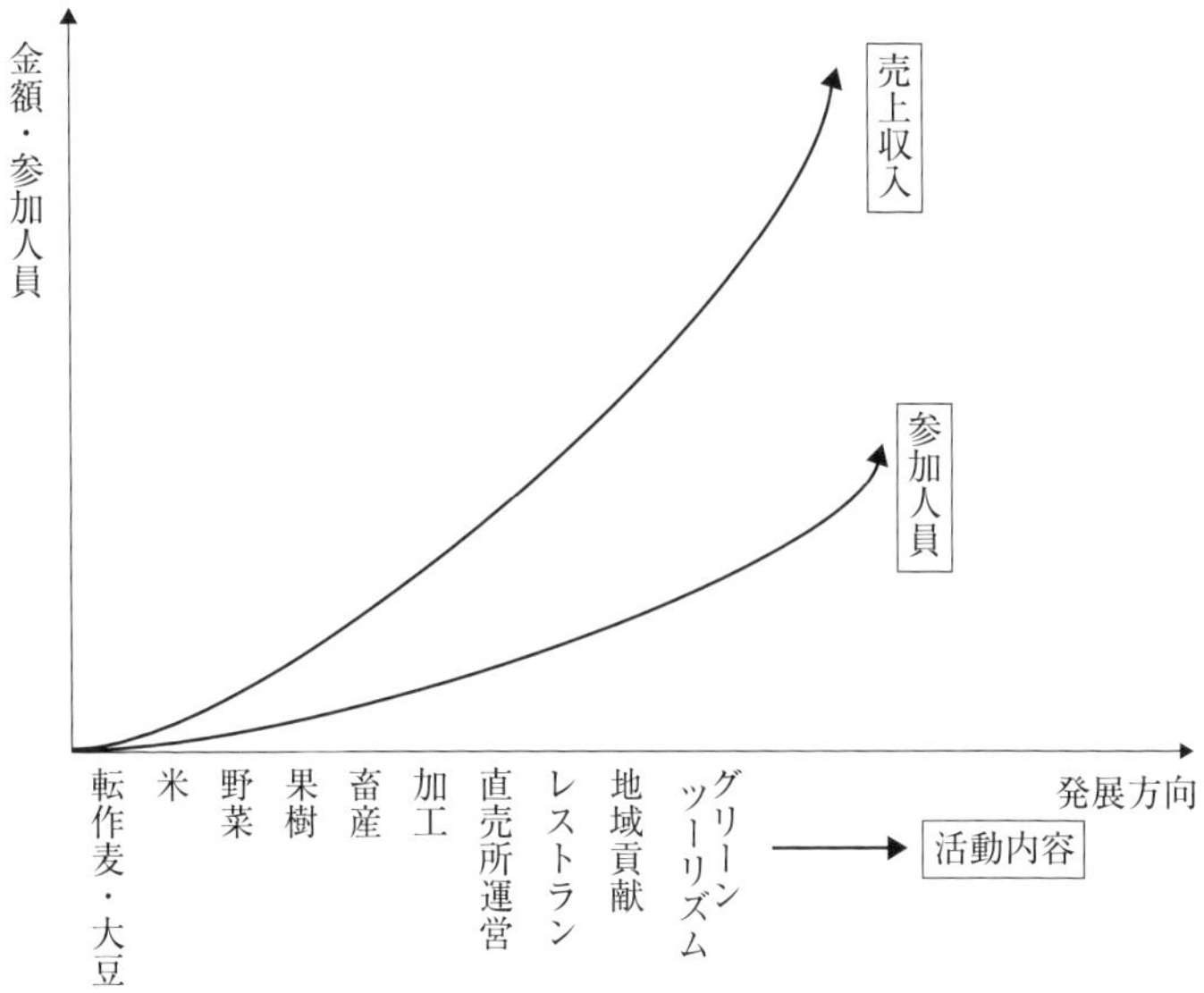

図１-18　集落営農組織の発展方向

全国各地の集落営農組織の実態を調査すると、地域の歴史的・社会的条件に対応してその活動状況は多様である。そうした「地域の条件差」という要素をできるだけ捨象して、集落営農組織が年月の経過とともに活動内容を充実・発展させていく「進化の方向性」とでもいうべきとらえ方を、図1-18にまとめてみた。

この図は視覚的にまとめてあるだけなのでいくつかの論点について多少の説明を加える必要がある。ただし、経営管理（財務・資金管理・マネジメント）にかかわる分野は第2章の主要テーマでもあるので、ここでは割愛し、それ以外の主要な論点について補足説明を試みたい。

そこで論点をより詳しく区分した図1-19を見てほしい。図の左側は組織が設立さ

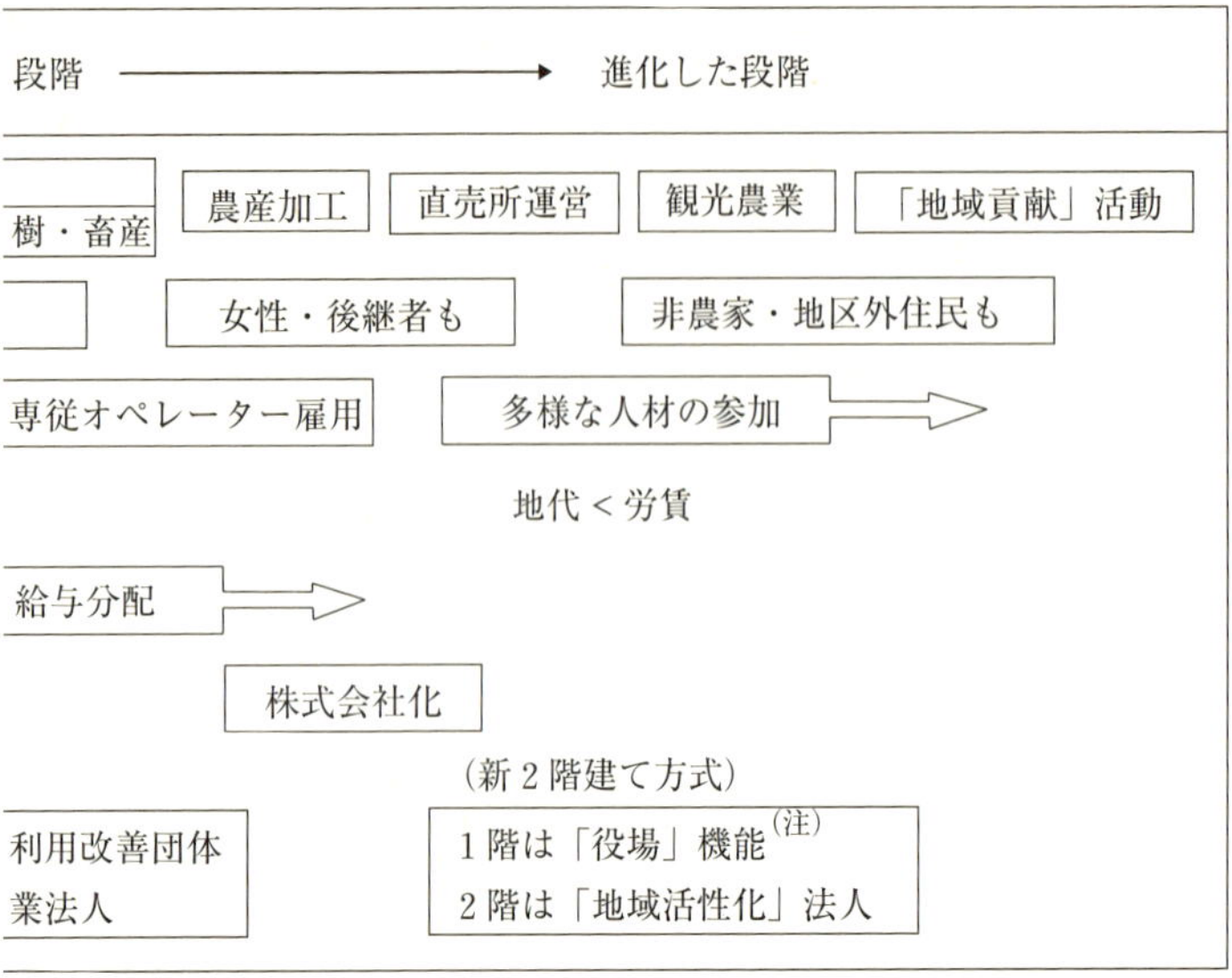

の進化の方向性

た地域自治の機能を復活すること（山口県ではこれを「手づくり自治区」と愛称し

れて比較的初期の段階、右側へ移行するにつれてより発展した段階へと充実し、さらに右側に移行して、より進化した最高発展段階へとすすむ、と読むのである。

図の「論点1　事業内容」は図1-18と同じであり、経営の多角化がすすみ、農業生産活動ばかりでなく、グリーンツーリズム（都市・農村交流事業）、さらに活動の幅を広げて地域社会を再生・活性化する諸活動まで展開している。

順序は飛ぶが「論点7　地域システム」の欄のいちばん右側が、この説明と直接対応する部分である。すなわち、2階の「地域活性化」法人とは、農業生産から地域活性化まで幅広い事業を担う法人であり、「論点6　組織形態」では法制度上制約がある農事組合法人ではなく、自

論点	発達段階	初期段階 ——→ より発展した
1	事業内容	転作受託のみ ／ 米も共同生産 ／ 生産の多角化 野菜・花・果
2	構成員	高齢・小規模農家 ／ 大規模農家も
3	要員体制	役員兼オペレーター ／ 事務員雇用
4	地域への還元	地代＞労賃 ／ 地代≒労賃
5	労賃の分配方式	従事分量配当 ／ 固定
6	組織形態	非法人（任意組合） ／ 農事組合法人
7	地域システム	（平屋建て） ／ （2階建て方式） 1階は農用地 2階は特定農

図1-19　集落営農

注：「役場」機能とは、合併で消滅する前の地方自治体だった町村役場が担ってい
ている）。「農用地利用改善団体」としての事業も担当する。

由な事業活動が可能な株式会社化をしている。

1階の「役場」機能とは、欄外に注記したように、住民課・産業課（農林商工課）・総務企画課・土木課・教育委員会など独立した自治体としての旧役場が果たしていた活動を復活した組織で、農用地利用改善団体としての事業（旧農業委員会！）も当然担当する。

つまり、市町村合併、農協合併によって消失してしまった自治機能を1階で、2階の集落営農法人は農協と商工会の機能を復活させたと考えれば非常にわかりやすいであろう。その具体的事例は第3章で詳述したい。

集落機能を補完・代替し、集落を支える役割を果たす組織も存在する。

集落営農が設立され、活動を始めるにあたっては集落（自治会）からの全面的な支援・協力が大きな支えになる。時間が経過し、ある時期、集落構成地帯の世代交代のいわば「谷間の期間」には、集落の労働力不足が原因となって集落機能が弱体化することが避けられない可能性が出てくる。

そのような場合は、専従労働力を雇用している集落営農法人が、集落（自治会）から委託を受けて、道路の補修・水路清掃・除草など「集落のライフライン」の管理、文化の継承活動などでも中心的な役割を果たしている事例もみられる。

また、集落の公民館や廃校になった小学校校舎を活用して、かつての農繁期共同保育の伝統を復活した保育所や学童保育などの活動を担う集落営農組織も出現している。

まことに、進化する集落営農には限界がないかの如くである。

6　農政史における集落営農
—農業・農村の危機打開策の歴史—

ここまでの論述では最近の30年程度を考察の対象として、集落営農をどう理解するのか、集落営農になぜ取り組むのか、集落営農はどのような可能性をもつのかといった議論を展開してきた。

集落営農をより深く理解するためには、これまで議論してこなかった歴史的な視点からの検討が不可欠である。そこで本節では、資本主義と集落営農、すなわち農村共同体としての集落における住民の協同活動（地域と暮らしを守る協同）が資本主義社会においてどのような意味をもつのか、農業・

農村の危機が表面化するたびに、集落に依拠した住民の共同性や協働活動（集落営農）が政府の唱導により、あるいは住民の自発的な運動として、繰り返し取り上げられたのはなぜなのかを整理する。

そのうえで、これまでの歴史上の集落営農からわれわれは何を学ぶべきなのか、これから取り組もうとしている集落営農運動は過去の集落営農とどこが違っているのかを理解することが本節の目的である。

（１）集落営農の源流としての「先祖株組合」

私たちが取り組んでいる集落営農運動の直接の源流をたずねると、幕末の農村指導者・大原幽学（１７９７～１８５８）が当時の下総国長部《ながべ》村（現在の千葉県旭市干潟町長部）で農民たちを指導して結成した「先祖株組合」（天保６＝１８３５年）にたどり着く。明治維新より約30年前の頃である。

この時期、日本の農村は打ち続く天災に打ちのめされ、飢饉で多数の餓死者が出る状況にあった。商品経済が深く浸透して封建的経済体制が揺らぎ、困窮する藩財政を立て直すため封建領主たちが農民からの収奪を強めていたことが背景にあった。

とりわけ、巨大消費都市である江戸に商品物資を供給する立場にあった関東地方は、商品生産・貨幣経済の浸透によって封建農村の解体が進行し、農村の荒廃、農民の流亡が深刻な問題となり、農村では一揆、都市では食料不足や物価高騰に反発する町民の打ちこわし騒動が頻発しており、支配者を悩ませていた。天下の台所・大坂で、しかも支配者側の幹部官僚・大塩平八郎の乱が天下を震撼させたのもこのころ（天保8＝1837年）のことである。

現在の千葉県の東総地域では、利根川の舟運で江戸と直結して漁肥と醤油で賑わう銚子の経済圏に組み込まれ、出稼ぎ農民が急増、土地を失った農民の離村が相次ぎ、長部村の農家数は半分以下に減少してしまっていた。博打などの賭け事に手を出して借金をつくり、農地を手放す者が多かったといわれている。金銭経済は精神的な退廃をもたらしたのである。

諸国を遍歴して学問を身につけた大原幽学は、長部村の名主・遠藤伊兵衛の熱心な依頼を受け、ここに定住して農村の再建を指導することになった。最初は農村の指導者層からやがては幅広い農民たちの間に幽学の指導を受ける者が広がった。

やがて弟子の農民たちは、幽学の指導に従って農村の再建に取り組むため、共同出資をし、誓約して組織を結成し、協同活動に取り組むことになった。これが「先祖株組合」であり、今日では世界で最初の農村協同組合[1]だと評価を受けるようになっている。

その概要は以下のとおりである。

加入者は所有地のうち金5両相当の耕地（の耕作権）を出資し合い、それを共同耕作して得た利益を無期限に積み立てて、破綻した農民の救済などのために利用する。耕地の区画整理を実施し、稲の正条植えなどの増収農法を採用し、自給肥料を奨励して経営改善を実践した。

注目すべきは、衣類や食器などの生活用品の共同購入や質素倹約など生活改善運動に熱心に取り組んでいることである。また、女性軽視が一般的だった封建社会にあって、女性の参画と活動を重視し、また後継者世代の子どもの教育にも熱心だったことには敬服する。女性の定期的な会合を開催し、子ども会や「子ども大会」などのイベントも開催している。子どもを他人の家へ1、2年間預け合って育てる「換子教育」とでも呼ぶべき社会教育さえ実施しているが、「改心楼」という教導所（弟子たちに講義をする道場）を建築してつねに教育・学習を怠らなかった。

協同活動の成果として、手放した屋敷や農地を買い戻し、後継者がなくて絶家した家は別の人に継がせることで世帯数を減らさぬ工夫もしている。こうして長部村は見事に再生し、これにならって近隣の合わせて8か村も先祖株組合を組織して再建に成功している。

しかし、村びとたちの結束が高まり、自治心を抱いて領主権力に対抗するのではないかと恐れ疑った幕府の役人たちによって弾圧を受け、改心楼も破却されてしまう。江戸での裁判闘争ののち刑期を終えて帰村した幽学は、村びとに迷惑がかかるのではないかと悩み、自刃した[2]。

その後、幽学の教えは弟子たちに引き継がれ、長部村では1865年に先祖株組合が復活され、共有地は保全され、昭和16年には財団法人に財産を寄付し、幽学の遺跡の保存や幽学思想の継承活動を行なってきた[3]。

以上、概観したように、地域の再建のための基金（公益ファンド）を設立し、農業共同生産と生活改善運動を両立させ、男性だけでなく女性や子どももメンバーとして参加し、学習し向上心を高め合うことなど、現在の集落営農運動が忘れていることまで実践している。これこそ「集落営農の元祖」にふさわしい。

なお、幽学の先祖株組合とほぼ同時代の19世紀前半に、現在の神奈川県小田原市栢山《かやま》出身の二宮尊徳（金次郎、１７８７〜１８５６）が藩や幕府の依頼を受けて、小田原藩や栃木県内を中心に、疲弊した農村の救済・再建を指導した「報徳仕法」についても取り上げる必要があるが、紙幅の都合でここでは割愛する。一点だけ述べておくと、尊徳の「報徳仕法」は、明治政府の地方改良運動や昭和恐慌期の農山漁村経済更生運動（とくに農村負債整理組合法）に大きな影響を与えており、内務省地方局の地域経営の中心的な理論となっている。

（2）農家小組合

農家小組合とは

ここでいう「農家小組合」とは、明治後期〜昭和戦前期において、むら（部落、集落）を基礎として組織された農家の組織――地方によって農家組合・農事改良組合・部落農会・農事実行組合等々いろいろな呼び方がある――の総称である。

農林省が実施した昭和３（１９２８）年4月現在の調査結果によると、全国の農家小組合数は15万７４３９組合に達するが、これを名称別に分類すると表1-7のとおりである。その内容は、「誠に種々雑多で、あるものは農家の生活全般にわたるあらゆることをやっているかと思えば、あるものは豚のみを中心に集まっているもの、またあるものは農家だけで作っているものもあれば、ある

表１－７　農家小組合数（昭和３年４月現在）

	名　　称	組合数	多　い　府　県
地区内農家を網羅した小組合	農事小組合	21,361	福岡・熊本・大分・鹿児島
	部落農会	14,699	秋田・千葉・静岡・兵庫・島根
	農事実行組合	13,933	北海道・福島・茨城・栃木・和歌山・佐賀
	農事改良実行組合	12,818	山形・富山・愛知・徳島・佐賀
	農家組合	8,997	長野・三重
	部落農区	5,570	新潟・広島
	農事組合	3,641	群馬・埼玉
	農事改良組合	4,827	青森・鳥取・香川
	産業実行組合	2,325	宮崎県のみ
	農業基礎団体	2,239	岐阜県のみ
	その他	18,255	実行組合・協行組合・部落組合・部落農事実行組合・農業組合・農事奨励小組合・農家協同組合・共同農事組合・農家小組合等々
特定事業を目的とする小組合	採種組合	8,696	島根・岡山・徳島
	貯金組合	5,615	栃木・静岡・京都・島根・岡山・広島・大分・茨城
	副業組合	4,086	宮城・千葉・新潟・福井・岐阜・三重・滋賀・島根・岡山
	養鶏組合	3,495	山形・群馬・千葉・新潟・愛知・鳥取・島根・岡山・香川
	共同作業組合	2,802	岩手・山形・茨城・栃木・新潟・滋賀・岡山・広島・沖縄
	出荷組合	1,979	宮城・静岡・京都・奈良・和歌山・岡山・広島・愛媛・高知
	養豚組合	1,201	茨城・千葉・神奈川
	養兎組合	691	青森
	耕作組合	691	岡山・広島・福岡
	園芸組合	429	神奈川・福岡・大分・宮崎
	その他	19,089	共同経営組合・動力農具利用組合・共同施設組合・土地管理組合・納税組合・肥料改良組合・肥料購入組合・肥料配合組合・養鯉組合・製茶組合・竹林組合・酪農組合・緬羊組合・藁工品生産組合等々

注：農林省農務局『農家小組合＝関スル調査』（昭和５年）による。

ものは区域内の全員が参加して作っているという具合である。……本来、農家が中心となり、申し合せによって出来た、何等強制も法律的な窮屈さももたない任意団体」[4]である。

農林省ではこれを次のように整理している。

一般的事業を行なう農家小組合（一定地区内の農家を網羅して、生産・流通・消費・社会その他農村における全般的な活動を目的とするもの）

特殊事業を行なう農家小組合（畜産・園芸等特定の事業を目的に結成されたもの）

しかしこの両者の活動の実情は画然と区別することは困難で、たとえば○○園芸組合と称していても実際には総合的な事業を行なっているなどというケースは少なくない。そういう意味で、この分類は、小組合の名称にもとづいて機械的に大分けした便宜的なものというべきであろう。この両者の関係は、現在の総合農協と専門農協との関係に類似していると考えられる。

このような農家小組合の定義として、次の2説を掲げておく。

「農村古来の美風である隣保共助の精神を土台として、組合員の福利を増進することを目的とし、市町村内の一定地域（原則としては部落《むら》）に居住する全農家を中心として組織された組合員自らの団体である」[5]。

「部落又は之に準ずる小区域を地区とし、其の地区内に居住する数戸又は二、三十戸の農家が集まって組合員の社会的経済的利益を増進し併せて生活の発展向上発達を図る為に農事の改良、農業収益の増進、農村の生活改善等諸般の事項を協力実行する目的を以て組織する任意申し合せの団体である」[6]。

　これを読んだ読者は驚嘆されたのではあるまいか。これは、本章２で検討した、現在の諸府県の集落営農の定義そのものではないか。県や市町村などが必死になって「集落営農に取り組み、設立しましょう！」と呼びかけ、研修会を開催しているが、実は80年以上も前に全国いたるところに16万近くもあった「あたりまえの組織」だった、ということを再発見したのだから。

農家小組合の発達過程

　農家小組合は、明治10年代に全国各地域で「農談会」というかたちで自発的に形成されたものを、府県行政が取り上げて、いわゆる明治農政の実行主体として組織的に育成普及することによって展開した。

　その最も明確な先駆けをなすのは鹿児島県であって、加納久宜知事在任中（明治27～33年）県条例によって村農会を設立（明治29年）し、その作業組合規約が母体となって33年ごろから「農事改良小組合」が県内各地に誕生した。明治37年には「報効農事小組合準則」を定めて奨励したため、明治34年の１７６７組合から44年の５５７３組合、大正10年６０１３組合、さらに昭和８年７８５５組合へと急速な普及を示した[7]。

　引き続いて各県でも条例や規則を定めて育成に努めたため、大正10年ごろまでの間にほぼ全国各地域に普及設立をみるに至った。この経過は、塩水選や正条植え、乾田馬耕に代表される明治農法の実

表1－8　農家小組合の推移

	一般的事業を行う小組合			特殊事業を行う小組合			合　　　計		
	総　数	法人格を有するもの	%	総　数	法人格を有するもの	%	総　数	法人格を有するもの	%
大正14年							79,690		
昭和									
3年4月	108,665			48,774			157,439		
8年6月	131,428	8,781	6.7	103,608	34,132	32.9	235,036	42,913	18.3
14年12月	194,996			121,174					
16年1月	192,562	129,936*	67.5	120,352	52,789**	43.9	312,914	182,721	58.4

備考：1．大正14、昭和3年度の分は昭和5年3月農林省農務局農家小組合に関する調査。
昭和8年度の分は昭和11年農林省農務局農家小組合に関する調査。
昭和14年度の分は帝国農会調農家小組合に関する調査。
昭和16年度の分は昭和18年帝国農会調農家小組合に関する調査（調査数　佐賀県を除く10,752市町村中10,237市町村）。
2．*一般的事業を行う法人中農事実行組合の数は121,408。
**特殊事業を行う法人中養蚕実行組合の数は46,607。
3．農林省農政局『農業団体に関する参考資料』（昭和22年）による。

行団体として地方行政機関の手によって育成されたものといえよう。

次に大正後半から昭和5年ごろまでの約10年間は、主として帝国農会―府県農会―町村農会（いわゆる系統農会）の下部組織として拡張普及された。

これに続く昭和6年以降は、いわば昭和恐慌――経済更生運動期の時期で、農政によって農事実行組合・養蚕実行組合として法人化を認められ、国家の農政施策実行の末端組織として組織された。

以上の発展過程を組合数の増加というかたちで表現したのが表1―8である。

ここまで読んだら、驚きは何倍にも増大するであろう。なぜなら、現在の集落営農の最大の課題は「法人化がすすまない」ことなのだから。国が補助金交付の要件として法律で法人化を義務づけているにもかかわらず、現場では「拒絶反応」が強く、法人化が難航しているのである。

ところが表1-8を見ればわかるように、70年も昔の昭和16年には全国の集落営農のうち60%近い18万余が法人だったのである。とくに、ほぼ現在の集落営農に相当する「一般的事業を行う小組合」では、3分の2の約13万組織が法人であったのだ。

読者は、ここで疑問を抱かれるであろう。70年前に18万余もあった法人格をもつ農事・養蚕の両実行組合は、その後どうなってしまったのだろうか。どうして70年後の現在になって、集落営農の法人化が課題になっているのだろうか。

その答は、1947年に農業協同組合法が制定された際に同時に公布された「農業団体整理法」にもとづいて、戦争遂行のための経済統制団体としての役割を担った農業会やその下部機構に組み込まれていた各種実行組合等は、全国一斉に、強制的に解散させられてしまったからである。

さらにもうひとつ疑問が生ずる。なぜ70年前の日本では当たり前のように、全国いたるところに集落営農が組織されて活動しており、その集落営農は当然のごとく法人格をもっていたのだろうか。

それは「昭和農村恐慌」と呼ばれたように、当時の農村が未曾有の苦難に直面しており、農林省は農村救済・農業再建の手段として農家小組合を積極的に法人化させるよう法制度を整備したからである。

（3）農山漁村経済更生運動と農事実行組合

第一次世界大戦後日本は史上空前の好景気に沸いた。だが、やがてバブルは崩壊する。価格維持政策や経営安定対策も不備で、半封建的地主制のもと、耕作農民は窮乏にあえいだ。娘の身売りや欠食児童などが大きな社会問題となる。そして、閉塞状況の打破をめざした五・一五事件の軍事クーデターにより、政党政治は崩壊に向かった。政府は、農村救済のために救農土木事業や経済更生運動を展開する。

昭和4～5年前後、農村恐慌の深刻化に対応して、農会や産業組合組織を中心に小農の個別零細性を克服すべくさまざまな方策が模索されたが、これを全国的規模において編成し体系的に推進したのが、昭和7年後半からほぼ10年間にわたって展開された「農山漁村経済更生計画樹立実行運動」（以下、経済更生運動）であった。経済更生運動のおもな内容は、①町村長・農会長・産業組合長・小学校長のいわゆる「村づくり4本柱」を中軸に村内の諸組織を結集した企画指導機能を組織し、②実態調査にもとづいて各戸計画―集落計画―町村計画と連動する村づくり10か年計画（前期5年＋後期5年）を樹立する。③計画づくりからその遂行に至る過程では一人一役主義で村民の総参加によるが、その集落段階における担い手は農家小組合であった。④また農村中堅人物養成を目的として「農民道場」を設置するなど、農村における村づくりの推進主体の育成に意を用いている。これらの中堅人物は、農村社会における権力階層ではなく、むしろ農業生産力の新しい技術体系を取り入れ普及していこうとする技術革新の担い手で、これを政策遂行の第一線において掌握しようとする試みであった。こうした農村中堅人物の立脚基盤はまさに農家小組合であった。

このような経済更生運動において、町村の経済活動を産業組合によって組織化し、体系的に統合化することが重要な柱になったが、その場合に、産業組合—農家というかたちは現実性をもたない。なぜならこの時期においては産業組合による農民の組織率はきわめて低く、かつ零細農家は直接産業組合に加入するだけの力をもたなかった。

そこで経済更生運動の最高指導者であった小平権一（１８８４〜１９７６）は、産業組合—**農家小組合**—**農家**という組織体系に着目し、昭和７年の第７次産業組合法改正に際し「太字」の部分を農事実行組合として法人化し、一括産業組合に加入する道をひらいたのである。その考え方の要点を小平は次のように述べている。

「農事実行組合の産業組合加入は、いわゆる農家小組合を産業組合に加入せしめ、町村、部落、個人と三段階の更生計画に即応せしめんとしたもので、町村区域の農村産業組合が真に活動するには、各部落ごとにまとまって、責任を負って産業組合の事業を分担しなくてはその目的を達成することができないので、部落の農家小組合を産業組合に加入せしめるために法人化したのである。また農村の無産階級、小生産者階級を一挙に加入せしめるには、実行組合を加入せしめればその目的を達成することができることも考えられた。

農事実行組合なる簡易法人を認めたことについて。従来農村には、多数の農家小組合が設立せられ、それぞれ農事に関する各般の事業をおこなっていた。その事業のおもなものは、共同設備、共同販売、共同購入、共同作業、金融、社会的施設、基本財産の造成等である。これらの団体はいずれも部落を区域とし、その大部分は産業組合のおこなう事業をおこなっていた。すなわちこれを町村区域の産業組合に加入せしめて、産業組合の下部組織として活動せしめることは、産業組合達成上も、また農家小組合の発達のうえにも必要なることであるとなし、任意組合のまま産業組合に加入しうるよう法制を研究したが、時の司法当局は、任意組合のままで団体に加入する立法は法制上困難であり、また仮に認めても、その範囲が漠然として、産業組合との取引が不正確で、信用取引、資金の貸付等には役にたたないとのことであった。その結果、できるだけ簡単なる法人として加入せしむることとし、農事実行組合に関する法律を制定したのである[8]」。

第10条ノ3（昭和7年5月の改正で追加）

1　農事実行組合は一定の地区内の農業者を以て之を組織し組合員の共同の利益増進を図るを以て目的とす。
2　農事実行組合は法人とす。
3　農事実行組合の地区は部落其の他之に準ずる区域とす。
4　農事実行組合を設立するには其の地区内の農業者7人以上設立者となり規約を作成することを要す。
5　農事実行組合は其の設立の日より2週間内に規約、役員の氏名及住所並に設立の年月日を具し行政官庁に之を届出すべし。届出でたる事項に変更ありたるとき亦同じ。

図1-20　産業組合法（明治33年3月）

注：原文のカタカナをひらがなに、漢字の字体を常用漢字に改めた。1～5の項数字は便宜上つけた。

その法律というのが、現在の農協法の前身にあたる産業組合法を昭和7年5月に改正して追加した「第10条ノ３、農事実行組合に関する規定」である（図1−20参照）。

注目すべきは、農事実行組合は７人以上の農民が発起人となって必要な規約を定めれば簡単に設立でき、登記する必要もないという点である。設立すれば法人格が与えられる。設立後、２週間以内に届け出ればよい。

立案の責任者だった小平権一は自ら大要次のように解説して、農事実行組合が柔軟かつ実際に役立つ、簡易に設立できる法人であることをＰＲしている。

――農事実行組合の目的である「共同の利益」の種類には何の制限もなく、産業・経済・金融・生活・娯楽・衛生・保健・備荒・共済・救貧・警備・宗教・教育その他いっさいの事業ができる。たとえば、農事実行組合が水田を経営して、その利益を組合員に分配することもできるし、医師を雇って診察を受けることもできる。また購買品も組合員以外に配給できる。農会は営利事業ができないが、実行組合には左様な制限がない。産業組合は員外取引ができないが、左様の制限がない。

法人としての農事実行組合は、その設立や解散について行政官庁の許可は必要としない。まったくの自由設立、自由解散であることがその特徴である。またその活動も設立目的に沿ったものである限り自由で、いっさい官庁の制限を受けることはない。――

そして、この農事実行組合制度はわが国の法人制度としては画期的な法制であることを強調し、自由設立・自由解散・活動の自由こそがその本質であり、将来の法改正の際にもこの本質だけは絶対に変えてはならない、とまで言い切っている（小平権一『産業組合法』日本評論社、１９３８年）。

現行の農事組合法人は、農協法にもとづいているため規制が厳しく、実施できる事業範囲が狭すぎて農事組合法人の集落営農が、地域の活性化・再生にかかわる幅広い事業を担おうとしても不可能である。株式会社に転換するか、子会社をつくるなどの手続きが必要になる。その意味で、80年前の農事実行組合のほうが格段に進歩した制度である。

なお養蚕実行組合は、農事実行組合に先立って昭和6年3月制定の蚕糸業組合法によって法人化を認められたが、これも当時の蚕糸局長・小平権一が手がけたものである。

経済更生運動の最も重要な課題であった負債整理問題解決のため、昭和8年3月制定の農村負債整理組合法による農村負債整理組合も、集落の相互連帯＝隣保共助・醇風美俗に依拠して設立されたが、これも農家小組合機能の法人化のひとつの形態であった。

（4）農業生産以外に幅広い活動をしていた昔の集落営農
―地域活性化法人としての農家小組合―

前項で述べたように、農家小組合を全国に先駆けて組織的に育成・普及に努めたのは鹿児島県であった。その鹿児島県の規約準則によって農事小組合が行なうべき事業としてどのような項目が掲げられているかをみると、大正7年の改正までは、明確に農事改良を主目的としてきたことがわかる。

大正7年の改正において、農事改良はもちろん重要な柱であるが、これに加えて、勤労増進・貯蓄・納税・教育・兵事・衛生・風紀・修養・公共事業等いわば集落固有の機能と考えられる事項も同様のウエイトをもって取り込まれている。ここに農家小組合の質的な転換（機能拡大・集落機能の代位）がみられる。具体的に鹿児島県の報効農事小組合規約（大正7年改正）の該当事項を抄記してみよう（引用にあたり、原文の丸付数字をカタカナの五十音に改めた）。

○農事小組合必行事項

ア．官公署の指示令達　イ．納税　ウ．教育の助長　エ．勤労の増進　オ．風紀の改善　カ．衛生　キ．智徳及び技能啓発　ク．貯蓄　ケ．組合事務の整理　コ．田畑の深耕　サ．病虫害予防駆除　シ．作物品種改良　ス．施肥法の改良　セ．自給肥料充実　ソ．裏作　タ．副業　チ．生産物収穫及び調整法改良　ツ．撰種

○農事小組合励行事項（本項は適宜取捨決定すること）

ア．農業収支及び一家経済の整理　イ．農事統計調整　ウ．産業組合加入　エ．生産物の共同販売　オ．必需品共同購入　カ．共同耕作　キ．共同採種圃設置　ク．堆肥舎設置　ケ．収納舎設置　コ．農具設備　サ．湿田排水　シ．農道の整理　ス．宅地利用　セ．緑肥栽培　ソ．家畜種類改良　タ．家畜管理の改良　チ．家畜飼料　ツ．蚕具の設備　テ．稚蚕共同飼育　ト．秋蚕稚蚕用桑園設置　ナ．山林樹種の選択　ニ．造林法改良　ヌ．野火防備　ネ．研究会講話会開催　ノ．農事調査及び視察　ハ．品評会協議会開催　ヒ．青年婦人会の督励　フ．生産物加工

○農事小組合指導督励事項

ア．共同一致心の養成　各種会合の際、共同一致の必要を力説すると共に、共同事業の遂行に努む。

共同事業として適当と認むるもの……共同耕作、共同造林、共同請負事業、共同田植、給水組合設置、病虫害共同防除、共同販売、共同購入、肥料共同配合、共同貯金。

イ．勤労の増進　本県農家の一日労働時間は、１カ年１５０日を超えないで、静岡、愛知の１９０日内外に比し、約40日不足す。勤労増進の要あり。

方法——労働時間に関する規約の制定、休祭日、娯楽日の協定、就床早起の号鐘、食事法の改良（中食は腰掛法）、仕事着の改良（男——筒袖、半股引、細帯、女——筒袖、腰巻、猿股、細帯）、模範的勤労者の表彰、勤労組合設置（五人組を設く）。

ウ．農事改良の奨励　易より難に、簡より煩に入るは勿論なるも、利益の最も多き事項より着々指導の実績を収むるを要す。

方法——耕地整理（排水、客土）の可能性調査、深耕法の伝習、麦作畦立法の改良、深耕法の普及、施肥標準量協定、共同肥料配合、優良農具の普及状態調、資金調達、（模合設立）病虫害共同防除、防除器具の設置、防除薬剤の共同購入、防除用器具及び防除成績の検査、堆肥舎設備（労力交換、模合設置、共同貯金の低利貸付）、緑肥用種子共同購入、堆肥検査、草木灰採集の検査、水肥溜の設置、架乾奨励、乾燥物及び収納舎設置、調製用具備付、穀物検査成績調査及受検組合設置、宅地利用、農場収支調査、科研収支調査、小組合是の制定、共同貯金の実行、個人貯金励行、不経済な地方慣習の矯正、購買販売法の改良、産業組合加入、全上組合との連絡、各種品評会競作会の開催。

エ．副業の奨励　副業を営み、収入の増加をはかるは、刻下の急務なり。

表１－９　農家小組合の事業概況（昭和16年１月１日現在）

	総　数	一般事業を行なう小組合	特殊事業を行なう小組合	備　　考
組合総数	312,914 （100）	192,562 （100）	120,352 （100）	
共同設備をなす組合	163,440 （52.2）	116,977 （60.7）	46,463 （38.6）	共同作業場、共同集合所、機械及農具の設置、共同灌漑設備、蚕の共同飼育場、共同加工設備
共同作業を行なう組合	219,944 （70.3）	156,068 （81.0）	63,876 （53.1）	播種、苗代、耕耘、田植、除草、病虫害防除、脱穀調製、加工、稚蚕飼育、家禽孵化育雛、自給肥料増産等の共同
社会的施設をなす組合	98,211 （31.4）	85,732 （44.5）	12,479 （10.4）	託児所、共同炊事、共同浴場、衛生施設、冠婚葬祭施設、図書新聞雑誌閲覧施設
共同金融を行なう組合	120,550 （38.5）	89,908 （46.7）	30,642 （25.5）	
共同販売を行なう組合	202,940 （64.9）	132,924 （69.0）	70,016 （58.2）	米麦、青果物、苗、畜産物、林産物、副業品及其加工品等
共同購入を行なう組合	253,881 （81.1）	175,979 （91.4）	77,902 （647）	肥料、飼料、種苗、薬剤、農具等農具用品及日用品
共同収益地の設定を行なう組合	46,323 （14.8）	40,353 （21.0）	15,970 （5.0）	共同収益他 内　訳 { 共有地 57,597 町 小作地　8,973 町

備考：１．帝国農会調査による。
　　　２．（　）内は組合総数に対する％。

方法――養蚕、煙草、養畜、養鶏、林業、茶業、果樹、蔬菜、手工業を奨励、共同作業、共同販売購買を進める。品評会競技会等を開催。

オ．智徳及び技能の啓発

方法――講習講話会、研究会の開催、図書購読、補助又表彰、視察調査。

カ．貯蓄励行

方法――共同貯金、殖産貯金、事業費貯金、個人財産貯金（主人貯

金）罹災貯金（主婦貯金）教育貯金等を行う。

キ．青年団及び婦人会の督励

方法――（青年団）研究圃の設置、技工練習、身心の修養鍛錬、夜警、就床早起号鐘、（婦人会）被服家具の整理、生計費節約、夜業早起励行、火の用心、木炭採集、作法裁縫練習、調理法研究、蔬菜園改良。

ク．納税、教育、衛生の助長

方法――納税期日の予告、一時立替、納税貯金の励行、優良児童表彰、学用品給与、家庭品評会、衛生検査。

ケ．風紀の改善

方法――冠婚費用の節約、同上覗見の廃止、葬儀飲食の節約、節酒、互助、質朴、席次、公礼（神社参拝等）、私礼（墓詣等）の励行、集会出席と時間の励行、災害警防の励行。

コ．小組合の整理

方法――諸帳簿の備付と記帳の励行（規約簿、組合員名簿、規約及び決議事項、成績等、集会出席簿、財産台帳、統計簿、貯金台帳、会計簿、予算決算書、事業計画簿、共同事業成績簿）。

（吉田正広『鹿児島県農民組織史』１０１～１０４ページ）。

これを要約すれば、従来の農業改良主義から総合的集落振興（農村振興）主義への転換ということができよう。表1-9は、昭和16年1月調査にもとづく集計であるが、農家小組合がきわめて広範な機能を発揮していること、とりわけ「社会的施設」を設置運営していることは、前記集落機能の実行機関としての性格を示唆している。

声を大にして言いたい。「全国の集落営農関係者よ、80年前の先人たちの原点に還れ！　それこそが集落営農をして地域再生の拠りどころにする唯一の方法である」と。

（5）秋田県の「集落農場化」事業
―1970年代の自治体農政と集落―

今、筆者の机の上に『マシーネンリングによる第三の農民解放』という翻訳書が置かれている。著者はエーリッヒ・ガイアースベルガーといい、ドイツ・バイエルン州で農業改良普及員や州農林省職員、ライファイゼン系の州経済連の部長などを歴任し、当時は放送局の農業局長。「マシーネンリング運動」の創始者として知られ、日本にも2回講演に訪れたことがある。原著の出版は１９７４年で、熊代幸雄・石光研二・松浦利明の３氏による共訳書が家の光協会から出版されたのが76年。

マシーネンリングは「農業機械銀行」という訳語とともに新鮮な情報として受け入れられ、多くの視察団が現地を訪ね、著者から話を聞き、日本でも埼玉県をはじめ多くの組織が結成され、現在でも農業機械銀行という組織が活動している。訳者の熊代教授の解説によれば、「リング」の語源は「結《ゆい》」あるいは「手間替え」と同じ意味をもつという。

2冊の本の写真を掲げたのは、ひとつには、当時、「集落営農」という言葉はまだ使われていなか

図１−21　当時評判になった２冊の本

ったということを確認するためである。「生産組織」というのが最も広く知られており、愛知県農業試験場の西尾敏男氏（『農業生産組織を考える』の著者）が指導した安城市高棚地区の「経営受委託」や十四山農協の「技術信託」そのほか「集団栽培」「請負耕作」「営農集団」という用語もこのころから広く用いられるようになった。

　もうひとつの目的はガイアースベルガー氏の訳書の帯に書かれている「兼業農家切り捨て論ではなく、専業、第一種・第二種兼業農家の３階層の連携による効率的な農業の確立をめざすマシーネンリング＝農業機械銀行」という短い文章に注目したからである。これこそ、筆者の集落営農論と同じ内容だということを再確認したかったのである。

　１９７０年代には、まだ「集落営農」という用語はなかったが、非常に近い「集落農場」という用語が、秋田県の自治体農政で用いられ、全国的に知られていた〔本章3の注（2）で、１９７５年の茨城県内の報告書が「集落営農」の初見だと述べたが、小部数の印刷物でもあり、対外的には知られていなかったと思われる〕。

秋田県の「集落農場化事業」は72（昭和47）年度から開始され、78年度までに１３０２集落が県の指定集落になった。これは秋田県の農業集落数の53％に相当し、参加農家数は３万５６０３戸（総農家数の32％）と大きな広がりをみせ、77年度から全国的に実施された「地域農政特別対策事業」のモデルになったといわれている。この「集落農場化事業」は、55年から６期24年間知事を務めた小畑勇二郎氏の強力なリーダーシップにより推進された。

「集落農場事業の定義

集落または実行組合、農業生産班などを単位に集団を組織し、農業生産過程の一部または全部を協業化するとともに、資本装備の高度化によって稲作を省力化し、その余った労働力は地域の実情に合せて土地・資本と合理的に結びついた米以外の作目の導入拡大にふり向け、農作業の受委託ならびに作目等の分担によって所得の増大と規模拡大を図り、併せて農村集落としてのコミュニティの形成を促進すること」。

当時の秋田県発行の推進パンフレットの引用であるが、本章2で紹介した、現在の各府県の集落営農の定義とほとんど同じだといえる。ただ、さすがに40年の歳月の経過があって現在とは違いが大きく、当時は農村の労働力は豊富で出稼ぎの最盛期だったのに、現在は労働力不足が深刻である。

現在の秋田県で集落営農を推進している農業改良普及員たちから、この「集落農場化事業」の後遺症あるいはトラウマのような雰囲気が農民たちの間に根強くて、集落営農の阻害要因になっているという話が何度か出たことがある。むしろプラス面の遺産が残っているのではと予想してたので、意外であった。40年前の秋田県といえば、「減反反対運動」が盛んだったことを考えると、現在でも集落営農運動という言葉からストレートに転作の推進・強化を連想してしまうのかもしれない。

筆者は、「集落営農」という用語が誕生するについて、秋田県の「集落農場化」事業は少なからぬ影響を与えたと考えている。ただし、より視野を大きくとって考察してみると、高度経済成長の流れに遅れまいと「工業化、企業誘致による所得増大の成長路線」こそが秋田県政の大局的立場であり当時の「秋田県第3次総合開発計画」の戦略だったのではないか。

農業の近代化（効率化・選択的規模拡大）は農業所得を増加し、出稼ぎを解消させ、農民を幸福にし地域社会を元気にするという方程式が、その後の40年間の実績によって証明されなかったことが、現在の農民たちの反応に結びついているのかもしれない。

（6）地域営農集団
―農協組織による集落営農戦略―

全国農協中央会が１９８２年10月に開催した第16回全国農協大会で決議した「日本農業の展望と農協の農業振興方策」のなかで、今後の日本農業の担い手として、系統農協の立場から育成・強化すべき対象として提起したのが「地域営農集団」構想である。

この大会決議を受けて、具体的な運動の推進要綱を次ページの図1-22にあるように定めて全国に通知した。農協組織が、それまで消極的であった集落内の「農地の利用調整」（すなわち、一部の「担い手」への農地の利用集積）に積極的に関与する路線に、踏み出したのである。

３年間という運動期間はあまりにも短かすぎたし、全国すべての地域で同じようように運動が展開されたわけではないが、１９８６年には全国で２万８０８集団が組織され、全国の農家の30％、農地の20％をカバーしていたと記録されている（全国農協中央会の実態調査）。

また、この要綱に書かれた方策は「集落という地域を単位に、より効果的な農地利用やコスト低減を積極的に実現しようとする地域ぐるみの、より活性化した地域農業組織」としての「地域営農集団」、すなわち「組織化を通じた農業構造改革の具体的な担い手でなければならない。したがって、集団内での担い手の分化、機械行程など主要作業の中核農業者への集積的な分担がすすみ、それでもって思い切ったコストの低減が行われることがここで期待されている」[9]という路線であり、地域や集落の弱体化・解体を前提にしたものであったというべきであろう。

全国いくつかの地域、とりわけ広島県では今日の集落営農運動へとその遺産が引き継がれ、基盤となっていると評価できる。

い土地利用秩序を確立するため、農用地利用計画の策定に取り組む。

また、地域全体の農用地利用や農業労働力の質と量に見合った農用地利用計画を策定するため、耕地一筆毎の利用現況の把握に取り組む。

6．地域営農集団の推進方策

農協は、地域営農集団が構成員の合意のもとに、次の事項の全てを実践するよう指導を強化する。

(1) 農用地利用、作付け・栽培に関する計画の樹立

農用地利用ならびに栽培する作目・品種、作業の調整等を集団の合意のもとに行うため、農用地利用ならびに作付け・栽培に関する計画の樹立を行う。

(2) 農業経営・農作業受委託あっせん

集団内の農業経営・農作業の受委託について、農業機械銀行とも調整のうえ、そのあっせん体制の確立をはかる。

(3) 機械・施設の共同利用や共同作業の実施

機械・施設の導入にあたっては、適正規模を勘案のうえ行うとともに、共同利用等により、その有効活用をはかる。

(4) 農用地に関する権利調整

作付け・栽培協定等を実践し、農用地の適正管理をはかるため、集団の合意をもとに農用地の権利調整を行う。

(5) 地代調整

地代の高騰が、中核的な担い手農家の育成を妨げることがないよう、品目間の調整も含めて、地代調整を行う。

(6) その他

地域の農業生産活動に関する必要な事項。

(以下、略)

図1-22 全中による地域営農集団推進要綱

「地域営農集団育成・強化運動」推進要綱

昭和58年６月30日
全国農業協同組合中央会

１．趣　旨

系統農協は、第16回全国農協大会において、「日本農業の展望と農協の農業振興方策」を決議し、農協として農用地の利用に関する課題への取り組みを積極化することにより、利用調整を通じた新しい農用地利用秩序の確立をはかることとした。

これを具体化するため、農用地利用の調整と農業生産を担う主体としての地域営農集団を組織化し、その活動を助長することによって、地域農業の生産性向上と農業振興をはかる。このため系統農協はこの運動を実施するものとする。

２．運動の目標

地域営農集団による水田面積のカバー率50％、１農協当たり平均８地域営農集団の育成

３．運動の期間

昭和58年度より60年度までの３カ年

（４．略）

５．運動取り組みの基本方向

地域営農集団の育成・強化のためには、農協として農用地の利用調整への取り組みを積極化するとともに、地域営農集団による農用地利用調整活動をもとに、地域農業振興計画を一層充実する。

⑴　農協の農用地利用調整機能の強化

農協は、農用地の集団的な利用をすすめるために、農用地の利用調整機能を強化する。

また、農用地の流動を促すため、売買や貸借のあっせん仲介などの権利調整をすすめるよう農協支所単位で農用地利用管理の体制を整備するよう取り組む。

⑵　農用地利用計画策定の取り組み

地域農業振興計画の策定・見直しにあたり、全農協が新し

注

（1）世界の協同組合運動史においては、１８４４年12月21日にイギリスで設立されたロッチデール公正先駆者組合が、現在の協同組合の元祖とされている。日本では二宮尊徳が小田原藩内で五常講を結成した（１８２０年）り、幽学の指導により先祖株組合が設立されるなど、これよりも以前から独自に協同組合が出現していたことは誇ってよい。

　また、ロッチデール組合などが、都市の労働者（消費者）による協同組合だったのに対し、先祖株組合は農村の生産者による組織であったことも注目すべき特徴である。

（2）中井信彦『大原幽学』吉川弘文館（人物叢書１０４）、１９６３年。猪野映里子『大原幽学物語』多田屋、２００３年などを参照されたい。

（3）旧長部村の幽学の旧宅などは現在でもよく保存され、国指定史跡「大原幽学遺跡史跡公園」となって公開されている。その公園内に旭市立「大原幽学記念館」があり、幽学の遺品や関係資料を保存・展示している。前注で紹介した猪野映里子氏はその学芸員。

（4）農林省農務局『農家小組合ニ関スル調査』１９３０年。

（5）帝国農会『農家小組合の話』１９３７年。

（6）沢村康『農業団体論』１９３６年。

（7）吉田正広『鹿児島県農民組織史』１９６０年。

（8）小平権一「農業団体行政」『農林行政史第一巻』農林省、１９５８年。

（9）高橋正郎「地域営農集団の果すべき役割」全国農業協同組合中央会『地域営農集団――その活動と成果――』１９８４年、14～15ページ。

第2章

いかに組織し、育て、経営管理していくか

1　集落営農をどう組織するか

（1）未組織地区における取組み

農協、現場指導者の役割

まだ集落営農が組織されていない地域で集落営農をどう組織していくか。あちこちでいろいろな推進が行なわれているが、なかなか実現できず悩んでいるところがある。組織化の手法がまだ定着していない、あるいはノウハウがないという悩みもある。そこで、これから、という地域やその方がたのために未組織地区における取組みの手法や方法を紹介しよう。

まず集落で集落の将来をどうするかについて十分に話し合い、最終的には「集落協定」のようなものをつくるところまでもっていきたいわけだが、そのためには、何よりも農業改良普及員、市町村担当職員、あるいは農協の営農指導員など、集落営農を支援する立場の職員、関係機関の人たちが自ら集落営農について学び、集落営農は非常に有効であることを認識する必要がある。集落営農こそが地域を再生し、農業、農村を元気にする非常にすぐれた最善の手段、方策であるということを自ら納得する。これがまずスタートになる。そうでなければ、多くの人を説得できない。

ところが実際には迷いや逡巡がある。行政や農協は今まで長い間、「個別担い手育成」の路線を推進してきたからである。「認定農業者をいかに増やすか」とか「規模拡大して効率的な経営体を育てる」といった、個別の優良経営を育成することに全力を注いできた歴史がある。そのため集落営農についての理解がまだ十分にすすんでいない。したがって、まず関係職員が集落営農について深く正確に理解する必要がある。第1章はそのために書いたものだ。そして、集落営農が非常に有効であるという認識を自らもち、納得する。これをぜひやってほしい。

それで得心がいったら初めて地域に出向き、いろいろなかたちで地域の人たちに集落営農の情報を提供し取組みをすすめていく。

集落の現状についての共通認識をはかる

まずは集落の人に公民館などに集まってもらい、集落営農の説明をしていく。たいていは次のような手法ですすめる。

まず、高齢化が非常にすすんでいる、耕作放棄地が多くあるという現実を提示する。あと10年もすれば今、耕作している人たちもみな70代、80代になってしまい、若い労働力がいなくなってしまう。このままでは長いあいだ守ってきた農地が荒れてしまう。あるいは集落そのものが活力を失い、衰退する。場合によっては「限界集落」化するとか、集落が消滅してしまうことにもなりかねない。

こうした危機的状況をしっかりと示す。時系列でわかるような客観的なデータを使って現状と近未来を認識し、危機感を共有する。これは非常に重要だ。しかし、危機を強調しすぎると、すでにみなさん相当に困っているわけだから「脅し」や「あきらめ」になってしまう。「うちの集落は若い者もおらんし、ダメだな」「米価も底がみえないし」「最近は獣害にも悩まされているし、10年経ったらもっとひどい状態になってしまいそうだ」「もう救いがない」と。それでは、やる気をなくさせてしまう。そこは気をつけながら、「問題を解決する方法があるんですよ」「この集落営農という取組みをすれば必ずむらは生き生きし、みんな元気で働き、住み続けられる方法がありますよ」と説得する。

集落営農については、全国各地でいろいろな取組みがある。集落での悩みは共通のものであり、それをきちんと解決する方法がある。それが集落営農であることを提示する必要がある。

集落のみなさんを、そういう方向で合意形成していく。しかし、呼びかけをしても集まりが悪い。そもそも、みな忙しかったり、逆に意欲を失っていたりするので、こういうテーマではなかなか人を集められない。集落営農を推進する関係者からはそんな共通の悩みの声が聞かれる。

そこで、人を集めるためには戸別訪問をして呼びかける。また、集落で人が集まる機会があればそれを利用する。何かしらそういう機会があるはずだ。たとえば、新年の集まりや年度ごとの組織の定期総会、あるいは季節ごとの農作業の行事、お祭りの反省会など、多くの人が集まるいろいろな機会を利用する。そこで集落営農の話を持ち出す。いずれにしても、区長や自治会長、集落の主だったリーダーに集落営農に向けた取組みを始めること自体について、まず賛同と了解をもらわなければいけない。リーダーたちをその気にさせなければいけない。その次に、集落のみんなに広めていくかたちになる。リーダーを飛び越えてやるのはまずいので、必ずそこははずさないようにしたい。そして座談会をやり、意向調査のアンケートをする。こうした段取りですすめていく。

ビデオ・DVDの上映会は効果が大きい

地域の多様な条件に対応して集落営農をどうすすめるかについて、北海道から九州まで、先行する17の事例を紹介したビデオ教材が制作・市販されている（発売＝農文協）。筆者も、企画・取材段階から監修者として協力したり、6巻分については解説者として登場している。

県職員や、支援する立場の市町村や農協職員が集落営農に関する理解を深め、情報を整理・共有するのに非常に有効である。ぜひ、活用をすすめたい。

次に、集落の住民たちに、集落営農とはどんなものなのか、視覚を通して理解してもらうために有効である。もちろん、「先進地視察」も有効な手段であるが、すべての関係者が参加することはできないわけだし、それを補う手段としても、また違った効果が期待できる。

さまざまな立場の人びとが、一緒に鑑賞して感想を述べ合ったり、話し合いの導入手段としたり、多面的な活用が可能である。

最新作である「集落営農支援シリーズ・地域再生編」をみた農業改良普及員たちから寄せられた感想の一部を、参考まで紹介しておく。

ビデオ・DVD「集落営農支援シリーズ・地域再生編」への感想

「これならできるかな」という気になれそう

プロローグ
「地域の後継者を育てる集落営農」
第1巻
「10年後のムラと田んぼを守るには?」をみて

●地域の後継者を育てるという取組み、長野県駒ヶ根市の事例は参考になった。勤め人の若者にはまず収穫祭などのイベントを任せる。農業の後継者を育てる前に、「地域の後継者」を育てよう！　収穫祭などのイベントを任せるなど参加しやすくすれば若者も加わってくる。

●「10年後のムラと田んぼを守るために」と語るJA会津みどりの営農課長の発言は荒削りだけど説得力があった。「集落営農先にありき」ではなくまさに10年後どうするんだという切り口に参加している農家も共感していた。10年後のムラを考える時期だよな。

●集落の合意づくりの手順がわかりやすく紹介されている。「これならできるかな」という気になれそう。

●「何でも反対」の人に対して、農家自身が集落で取り組む本来のねらいをこのビデオ（DVD）が代弁してくれている。

女性が活躍できる場をつくる、
これこそが地域づくりだ

第2巻
「集落法人とJAが描く地域営農戦略」をみて

●女性が生き生きと活動している。女性にとっての集落営農の意味を伝えるのによい。出てくる女性の発言、年とともにみんなで積極的に参加し、支え合うことの大切さに共感できた。

●先進的な農協の取組みだ。ＪＡ幹部にみてもらうといいのでは。

●「寝たきりになっても助け合えるようにするには若いときから集落で一緒に活動しておく必要がある」という農家の言葉に納得

●集落人口の半分以下は女性。法人に女性部を設立し、特産、加工品製造など女性が活躍できる場をつくる——そのとおりだ。

●集落を守るためにＪＡの存在は不可欠。ＪＡが積極的にどうかかわるかがカギを握ると思う。ムラの思いに学び、汲み取ってほしい。

高齢化率50%！
でも、やり方次第で地域は明るくなる

第3巻
「『地域貢献型』へ進化する集落営農」をみて

●事例地区の高齢化率50%というのは自分たちより厳しい条件。でもやり方次第で地域は明るくなるんですね。

●集落営農はいざというときの「駆け込み寺」でいいとなればハードルは低い。反対する農家はあまりいないだろう。

●地域によってみせる順番が異なる。うちの地区はまず3巻から上映しようかな。

(2) 集落調査とワークショップ研修

アンケートは家族全員を対象に

集落の意向を把握するにはアンケートを実施する。従来は各戸に1枚アンケート用紙を配り、高齢の家長だけが回答を書くのがふつうだった。そのため、家族内のひとりひとりの意向は把握できないことが多かった。そこで最近では、家族の人数分のアンケート用紙を配るという方法が広がっている。家長だけでなく配偶者、後継者、若妻などいろいろな立場の人たちから回答を集める。それによって、こういう立場の人は、配偶者の女性は、こんな意向をもっている、若い世代はこういうことを考えている、とそれぞれの意向を対比させながらまとめていく。こういうノウハウも、ある程度共有されるようになってきた。

アンケートによって出てきたさまざまな個別の悩み、具体的な課題を整理していく。そして「これが実は地域共通の悩みである」、あるいは「地域として解決すべき課題である」というように、全体をうまく整理できるかどうかがアンケート調査を活用するカギとなってくる。それをやらなければ、単なる個別的な悩みの羅列に終わってしまう。それでは集落のみんなが課題を共有できなくなる。アンケート結果をエクセルなどで集計し直しグラフ化するなどして、個別の悩みや課題を地域の悩み、地域の課題に昇化させ、浮きぼりにしていく。こういう作業が必要である。

参加意識を高めるアンケートの工夫

アンケートの回収率を上げるには、家族全員を個別に訪問して回答を集めるのがいい。埋まっていない項目があればその場で聞き書きをして、そこに書き込んで補っていく。質問の意味が正しく伝わっていないので答えられない場合もある。そんなときは直接会って説明すれば回答が得られることもある。とにかく多くの方にアンケートに参加してもらうようにする。

アンケートを回収したら、協力してくれた人に「自分の答えたことが生かされている！」と感じてもらえるよう集計結果を全員に返すことが大切だ。そうしてその人が帰属意識や達成感を感じられるようにするのである。ところが、これまでのアンケート調査を見ていると、聞きっぱなし、やりっぱなしで、結果を返していない場合が多い。これでは答えたほうも答え甲斐がない。回答を集計したら必ず結果の説明会を開いたり、文書にまとめて配ったりすることが大事である。

アンケートそのものの上手下手もある。アンケートの設計段階で十分に練る。ただ単に栽培面積などの実態を把握する程度のことはすでに統計などでわかっている。むしろ、個々人の意向、考えや思いを聞くことが大事だ。ある意味では、意向を自由に出してもらえるように誘導する設計にしておく必要がある。結果を見て、みんなが「こういうことを考えている人が結構いるんだな」と思うようになるといい。アンケートの結果を、地域の再生に向けて活用するには、集落のさまざまな立場の人たちがその思いをはき出せるようになる「場づくり」が大事だ。紙幅の都合で掲載できないが、福島県・会津みどり農協などのアンケートは非常によくできており、参考になる。

ワークショップ研修

次に、ワークショップに参加してもらって集落営農の方向へ徐々に誘導していく。こうしたなかで、「どうしたらいいかわからない」ということではなく、「きちんとしたやりようはある。どんな集落でもできる」ということを理解してもらう。「みんながその気になりさえすれば、ノウハウはすでにあって、支援・指導も受けられる」ということがわかれば、みんなの迷いもなくなっていく。それを集落営農の未組織地区ですすめていく。これが一般的な方法といえる。

ここでは徳島県の農林水産総合技術高度支援センター（かつての農業試験場の経営部）が取り組んでいる集落営農塾を紹介しよう。

これは集落のリーダーを集めた塾で、広島方式といわれてきたものと同様のものだが、新しい農村社会学的な手法と川喜田二郎氏提唱のＫＪ法、あるいは徳野貞雄氏提唱のＴ字型集落点検の手法などを応用したワークショップ型が軸となっている。

塾は基本的には県内を3地域に分けて、それぞれ集落のリーダーでまず手をあげた人に集まってもらって毎月1回の勉強をしていく。1年間を通して出席できることが受講の条件で、1集落からは基本的に最低3人以上の固定したメンバーが参加する。

集まったリーダーには、それぞれ集落単位で農業改良普及員や農協営農指導員、役場の職員が支援チームにつき、リーダーたちと一緒になってグループで勉強していく。

事前に普及員がＫＪ法などの研修内容を予習している。グループの人たちが集落のいろいろな課題を思いつくものからどんどん符箋やカードに書き出し、それを模造紙に貼りながら内容をグループ分けしていく。こうして整理した課題をどうやって解決していくかの検討に入る。つまり、集落の状態を把握して課題を出して整理し、どう解決していくかに取り組む。

それから集落点検をすすめる。T字型の点検では集落の地図を用意し、まず、そこに住む世帯一戸一戸の情報を符箋に書き込んで、家のある場所に貼りつけていく。夫と妻を横線で結び、その中央から子どもへの縦線を下ろす。家系図にあるようなT字型で、子どもの配偶者がいればT字型の組合わせになっていく。その人が現在住んでいる場所は地域の中か、外か、ほかに年齢、職業も符箋に書き入れていく。

次に実際に自分たちの集落を歩いて田畑や耕作放棄地がどうなっているか、後継者がいる家いない家とか、獣害はどこに発生しているかなどを点検して集落の地図に落としていき、集落の現状や何年か後の状況を推測するための土台になる地図をつくり上げる。

そこでは具体的なデータも入れていく。農地の面積がどれくらいあって、そこで米をつくった場合、10a当たりの収量をたとえば５００kgとして単価いくらで販売できるから機械はトラクターが何台、コンバインが何台あればよいなどと、その固定費と変動費を入れて考える。

県のほうでは、そういう経営分析のシミュレーションを用意している。そのフォーマットにデータを入れていけば、売上がいくらになって、経費がいくらで地代をいくら払って、最終的に収支がどうなるといった経営の試算ができる。こうして集落営農の基礎ビジョンができてくる。自分の集落が30

haなら30haで経営をすれば、みんなに地代をいくら分配できて、労賃をいくら払えてという数字がある程度出てくる。

こうした作業を通して、集落の課題を解決するためにどういう方法があるのかを考えていく。そのなかで集落営農の取組みをすれば解決が可能になることがわかってくる。リーダーはそれで集落を説得できるようになる。

徳島県のワークショップは２００９（平成21）年度の5月から始まった。会場は徳島県内の西部、東部、南部の3か所。ひとつは吉野川の上流のほうで、かつての脇町、今の美馬市。ここに西部県民局があり、管内からの募集で10集落が参加する。２つ目は徳島市で、東部県民局管内の5集落ほどが参加。３つ目は阿南市で、南部県民局管内の10集落。全部合わせると25集落ほどが初年度に名乗りを上げた。

講座は5月から農繁期を除いて月1回ずつの全6回。12月には各集落からの参加者が一堂に会し、その年度の成果、ビジョンの発表会を行なう。休まず出席してビジョンを発表したら修了証書が出る。集落のリーダーたちが自らの主体的な学びにより1年目の研修をし、そこで得たものをもって、2年目には「ステップアップ講座」でより実務的なことを学び、いよいよ集落の人全員に呼びかけて法人設立までもっていくという段取りになっている。

(3) 女性たちの意識変革が地域を再生に導く

女性リーダーたちへの情報提供が有効

筆者は、2005年の冬から翌年の春にかけて、東北地方のいくつかの農協女性部から「集落営農について学習したい」との要請を受け、研修会で講演し、質問に答えたり、対話する機会をもつことができた。

ある研修会での、女性部長の次のような開会のあいさつが強く印象に残っている。

「平成19年から農業政策が大きく変わるといわれています。新しい政策は、私たちの町のように米に大きく依存している地域では、とりわけ大きな影響があると考えられます。

私たちの農協の管内でも、農協・市町村・県指導機関が連携して集落座談会や説明会が開かれています。そこでは『集落営農にどう取り組むか』ということがとくに重要なテーマになっているようです。これは女性部の仲間たちも強い関心をもっているのですが、詳しい情報がありません。

先日、役員が集まって打合せの機会をもち意見交換をしたところ、みなさんも同じような考えをおもちでした。集落での説明会などは、昔から家の代表者が出席するのが習わしになっているので、お父さんだけしか参加しません。私たちは、なかなか情報を得る機会がないので、ぜひ勉強する機会をもとうということになり、事務局にお願いし、農業改良普及センターを通して講師を紹介してもらうことができました」。

市町村や農協、あるいは農業改良普及センター等が主催する研修会で講師を務める機会を数多く経験しているが、女性の出席者が非常に少ないという印象をかねてから抱いていた。とりわけ東北や北陸地方においてその傾向が強いと思われるが、なぜなのだろうか。また、実態はどうなのであろうか。

東北6県の農協中央会の営農農政部が定期的に集まりをもち、東北地方における農業の担い手問題について検討をしたり、集落営農を推進するにあたっての課題等について協議したり、情報交換をする場があった。そこには各県でもとくに熱心に集落営農を推進している農協もメンバーとして参加しており、毎回10人程度の営農企画課長クラス、いわば現地での集落営農の「指令塔」役が議論の中心になっている。

２００６年5月の研究会において、筆者は「東北地方で集落営農がなかなかすすまないのは、農家が集落営農についての具体的な理解をもっていないことが理由のひとつと考えられるが、とくに女性たちに情報が届いていないことが根底にあるのではないか」と問題点を指摘した。さらに「女性たちに集落営農のすばらしさを理解してもらい、納得してもらえれば、集落営農は大きく動き出すが、そうでなければ状況はなかなか変わらない。集落営農の成否のカギは女性パワーが握っているといっても過言ではない」と提案したうえで、各農協の課長たちに集落段階での説明における女性の出席状況を質問してみたところ、ほとんど同じ答が返ってきた。

すなわち、「女性の出席者はきわめて少数で、多くても5～10％程度にすぎない」。では、なぜそうなるのか？　との問に対する答は筆者にとっては驚きであった。

課長たちの反応は、なぜそんなことを聞くのか、当たり前のことではないか、といったふうにみえた。農協としては、それが普通の〝あるべき状態〟なのだと認識している。なぜかといえば、従来から農協が集落座談会や説明会を開くのは、農協の方針決定について理解を求め、事前・事後の了承を取りつけることが目的であるから、農協の立場からすれば「決定権をもった人に出席してもらいたい」というのが、いわば本音である。ついでにいえば、転作や農政施策についての理解と協力を求める市町村の担当者にとっても、これは共通した立場であろう。また、出席する側の農家に対してもこのような考え方は伝わっており、農家としても経営の決定権をもつ者自身が出席して、直接情報を聞き、さらにはその場の雰囲気（まわりの農家の反応や対応）のなかで意思決定するのが無難だというわけだ。したがって、集落段階の会合には、家長（経営主）が出席するのが「当然」ということになる。

出席している少数の女性は、たまたま経営主の都合が悪いので「代理出席」している者か、家長がすでに死亡しているが後継者たる息子は他出して同居していないため「準家長」の立場にある者ということになる。これでは「本当は出席して説明を聞きたいのだが、１軒でひとりしか出席しないのが習わしなので、わが家だけ夫婦２人が出席するのは世間体が悪いのであきらめた」という女性たちの立場も理解できよう。

集落段階の説明会だけに限らないのだ。筆者が経験した市町村主催の研修会や、農協主催の集落営農推進大会などで女性の参加者がきわめて少ないのも、同じような伝統的旧体制の枠組みが理由なのであろう。つい最近の事例をあげれば、田植え作業後、秋田県内のトップを切って開催されたあきた湖東農協（南秋田郡五城目町に本部をおく5町の広域合併農協）の集落営農推進大会では、全出席者約２００人のうち女性は5人のみ、そのなかのひとりは鋭い質問をしたが、後で事務局に確かめたところ農業委員であった。

　このような傾向は東北地方に個有なものではなく、ほぼ全国に共通したものだと想像できる。２００７年７月に、香川県農協大川地区本部の女性部の研修会で集落営農について話をしたところ、役員たちから「集落営農について初めて話を聞くことができた。なるほど、今後はこういう方向にすすむ必要があると納得した」という感想を聞いた。

　さて、女性部の役員たちのように、実際に集落営農を理解した人びとは、どのような主体的実践活動に取り組むことが期待できるのであろうか。

　宮城県のみやぎ登米農協では、05年末に実行組合長や認定農業者などを集めた全体研修会、06年3月に女性部総会後の女性部による研修会を開催した。女性部研修会に参加した豊里支所の役員たちが支所段階の女性部会員にも集落営農について学ぶ機会を設けようと支所事務局に提案し、同年5月末に豊里支所で女性部と青年部が共催する「さなぶり研修会」が開かれた。

　ここには支所の役職員や実行組合長たちも広く参加して、情報を共有し、議論を広めていく機会を提供できた。今後の波及効果が期待されるところである〔この「さなぶり研修会」の模様はビデオ「集落営農に魂を」（企画・全国担い手育成総合支援協議会、事務局・全国農業会議所、全国農業協同組合中央会）の一部に編集され、農林水産省の補助を受けて右協議会によって市町村段階の協議会へ配布されているので活用していただきたい〕。

女性たちは具体的に判断する

筆者と旧知の宮城県の女性農業改良普及員は、自身が農家の「若妻」の立場にあるのだが、自らの経験を次のように話してくれた。

家庭内で、たまたま集落営農が話題になったとき、夫の両親（つまり経営主＝家長とその妻＝彼女にとっては「姑」）から質問を受けたので、自分の知っている情報を総動員して説明したところ、両親はそれぞれ次のような対照的な反応を示したという。

家長（経営主）は、「そんなことはできるわけがないし、自分の農地を他人に作業させるなど自分は反対だ！」と総論反対で、そこで対話は切れてしまった。つまり、入り口のところで立ち止ってしまい、現状と異なる新しい農業経営についての情報を得ようという意欲は感じられないのである。

これに対して夫の母親は、まず具体的な内容をひとつひとつ確かめる。「集落に農地を預けた場合でも地代（小作料）がもらえるのか？　家でもっている農業機械はどうなるのか？　農作業に出役したら労賃をもらえるのか？　農協に米を出荷した場合、家ごとに米代金が支払われるのか、それとも集落1本になるのか？　将来、わが家で農機具の買い替えをしなくてもよくなるのか？　現在と比較してどちらが手取りが多くなるのか？……」等々、具体的で詳細な質問が次々に提起され、内容をひとつひとつ理解していき、最後に、「集落営農ってなかなかいい仕組みだと思う。もっとみんなで相談して、みんなも賛成するなら、うちでも考えてみたらどうかね」という肯定的な反応を示したという。

　この情報は、大変興味深くかつ貴重な示唆を提供している。すなわち、総論を示して賛否を問うのではなく、具体的な情報をていねいに説明し、モザイク模様やジグソーパズルをひとつひとつ貼り合わせて、頭のなかに肯定的な全体像をつくり上げて、その理想像に納得すれば賛成の意思表示をするという思考回路である。

　多くの女性たちが、このような思考回路や受容態度を共有しているとすれば、これまでのように家長たちだけを集めて総論に賛同を求めようとする推進方法を再考する必要があり、そのほうが有効である。つまり、家長だけではなく、1軒から複数の者に出席してもらう機会を設ける。また女性や後継者たちに集まってもらう機会を何度か用意し、そこで集落営農についての情報提供や話し合いを行なうようにすれば、劇的な効果が期待できよう。

　なぜなら、集落営農とは、ただ単に国の新しい農業政策の補助金をもらうための組織づくりや、米や麦・大豆を低コストで効率よく生産するための手段ではないのである。集落営農とは、女性や高齢者を含めてより多くの人びとが張り合いをもって生涯現役で働くことを保障する新しい「地域営農システム」なのだから、そのことを理解し納得した人びとは、主体的にその理想実現のために行動・実践するようになるのである。

奥さんから組織し、ご主人を説得してもらう

集落営農の話を家長にもちかけても、どうしても前向きにならないという話は少なくない。島根県のあるリーダーの話だが、この人は長年、役場の職員として農林畑を歩いてきて、最後は農林課長で退職した。そして自分の地域の集落営農法人の役員をしていて、県のアドバイザーにも選ばれている。その彼がこんな話をしてくれた。

「自分が役場にいたころ、しじゅう家長の人たちを集めていろいろなことをやってきた。その間、どれだけ煮え湯を飲まされ、嫌な思いをさせられ、裏切られたか」と。

かつて家長の人たちを連れて、集落営農の先進地視察をした。その晩宿に泊まって一杯やりながら、「よし、みんな、集落営農をやろうぜ」と気勢をあげた。「この集落でやろうとしていることはとてもいい。ぜひやろう」「わが集落にも革命が起こるぞ」と、万歳三唱までした。

帰ってきて、翌週、話をすすめようと公民館に集まってもらうと、みんな「そんなことを言った覚えはない」「あれは酒のうえでの話だ」「お前も酒のうえでの話を真に受けるようじゃ、まだまだ若いな」と言って、全然ダメなのだという。

元農林課長氏は今、「女性を味方に引きつけることがどれだけ集落営農への近道であるか」と声を

大にして言っている。女性が参加していると、その人たちから役場に「あの話はどうなったのか」と督促の電話がかかってくるのだという。そんなことがあって彼は「私はまず奥さん方を先進地視察に連れて行きます。すると奥さん方がその気になる。そして奥さん方にご主人を説得してもらうようにしている」と言う。それがコツなのだと。

さらに彼は「早くスムーズに集落営農ができた集落には、こんな伝統がある」と言う。つまり、「その集落では、毎年収穫が終わると慰労会をする。バスを借り切って、家族全員参加でどこかを視察して、慰労会をやる。勤めている人も参加する。そういう集落は話が早い。家長だけでなく、家族全員が参加しているから、まとまりがとてもよい。奥さん方をその気にさせるのが、集落営農の王道です」と言い切る。

奥さんが同意しても、家長が同意しなければハンコはもらえない。奥さんに家長を説得させる。「お父さん、やろうよ」と。「隣りもやってるし、役場もそう言ってるでしょ」と。家長も、奥さんが一生懸命説得すれば、黙っているわけにもいかなくなる。もちろん、リーダーたちが家長本人にも話をしていく。そうすると、奥さんとリーダーの両方から攻められ、しかも後継者からも「今後も農機具をうちだけでそろえるのは過剰投資だなぁ」などと言われると、家長も「しようがないな」という話になる。

話し合いの上手なすすめ方

こういう集まりをもつたびに、必ず前向きな人と、消極的、否定的な人とが出てくる。集まりの最後に否定論の人が発言して、それで終わってしまうと、次につながらない。最後は必ず次につながるように、前向きな人の発言で締めくくるようにもっていくことが大事だ。そのようにリードしなければいけない。

しかし、最初の集まりには出て来なかった人が、２〜３回目になって突然出て来て話をぶち壊してしまうことがある。そういう場合のために、試行錯誤の結果、編み出されたノウハウがある。まず、記録係をきちんとおく。そして議事録のようなものをつくる。「今日は、こういうテーマで、こういう資料を使い、こういう説明をした」と書き込む。そして「こういう意見交換をした。こういう質問が出た」「それに対して、こういう説明があった」「みなもそれについては納得した」というようなことを箇条書きでよいので記録する。その記録を来なかった人にも配布する。

たとえば、「○○地区集落営農推進委員会の第○回の集まりで、こういうことが話し合われて、こういうことをやりました」と。来なかった人にも、とにかく活動がすすんでいるということを知らせる。仮に、否定的な人が突然出てきて、振り出しに戻るような話になったときには、「○月○日の会合で、あなたは来なかったけれども、お配りした議事録にありますようにこういう話が出て、みなさん説明を受けて納得しています」とか「あなたはそのときに来ていないのでご理解が得られないかもしれないけれども、それについては、また個別にご説明します。この話はここでは処理済みになっています」といって話を引き取り、すみやかに前向きの方向へ戻していく。そうしないと、つねに振り出しに戻ってしまう。それでは何年かかっても前にすすまない。

このように話をすすめていくためのノウハウが、あちこちで蓄積されている。それらを活用していく。そして、会合の内容を「集落営農推進ニュース」などのかたちで配布する。これは非常に有効である。

年代別の集まりが、むらから出ようとしていた若妻を引き止めた

秋田県のある普及員がこんな話をしてくれたことがある。その人は、ある手紙をお守りのように大事にもっていた。なぜかと聞くと、自分が最初に法人化にまで漕ぎつけたあるむらでの話をしてくれた。それは集落営農についての話し合いをきっかけにむらから離れるのを思いとどまったある若い女性の話だった。

そのむらに入ったとき、最初は反応がなかった。ところが3回目くらいに「年代別の集まりをもってほしい」と言われた。それで、お嫁さんたちを集めて話をする機会があった。そうしたら、あるお嫁さんから手紙がきた。「実は自分はこのむらに嫁に来て、もう本当に絶望していた」と。なぜかというと、とにかく「暗い」。そして「家の中では隣近所の悪口。寄ればとにかくそういうことばかり。前向きな話が少しもない。このままここで一生を終わるのでは、自分の人生がもったいない。もう離婚して、このむらから出て行こうと思っていた」ということだった。

その後、集落営農についての話し合いの場があり、若妻が集まって自由に意見を述べる機会があった。すると、自分と同じように悩んでいる人が意外とたくさんいることがわかってきた。けっこう前向きな考えをもっている人も地区の中にいる。このむらも捨てたものではない。目が覚めるような思いだったという。「じゃあ、もう少しここでがんばってみるか」という気になってきた。

この普及員は、初めてのむらに入って普及活動を始めたところで、みんながなかなかその気にならないので、自分の力のなさを感じていた。そんなときにこの手紙をもらった。逆に自分のほうが励まされた。それ以来、彼は、集落営農への思いをかけて、通算81回通って、最終的には法人設立にまで漕ぎつけたのである。

転勤した後も、挫《くじ》けそうになると、この手紙を取り出す。そして「どのむらにも、訴え続ければ、受け止める人は必ずいる」と思い返して、あきらめないよう自分を戒めるためにも、この手紙をお守りにしているという。

（４）組織化していくうえでの諸問題

個別営農にこだわる人たちをどうするか

今の家長たち、つまり農地改革後に就農していわゆる自作農になった年代の人たちには、どうしても個別営農に対する特別の思いがある。自分で耕作できなくなったときは、親戚、血縁に頼ろうと考える。それで、集落の話し合いとは無関係に、農機具を買ったり、隣の集落の親戚に農地を委託したりする。地域としてまとまっていこうという動きに対して、冷ややかだったり無頓着であったり、ときには否定的な動きに出ることも少なくない。

また、「利用権だけ集落に預けるのであって、土地の所有権は今までどおり自分のもので変わらないのですよ」といっても抵抗感のようなものがある人はたしかにいる。先祖から譲り受けた土地が自分の勝手にできなくなるのは、釈然としないというわけだ。今の70代の人たちは、ちょうど農地解放直後に就農した人たちである。長年の夢であった、自らが地主になれたという意識は相当強く、以後、ずっと第一線で自ら耕作し、経営してきたわけである。それが自分の代で他人の手に預けるという話が持ち込まれたら、抵抗ないしは逡巡するのは当然かもしれない。

その人たちの後継者の世代では、まったくこだわりがない。自分たちが個人で農機具を買って耕作をしても採算が合わないことを知っている。会社などに勤めていて、兼業も大変だとわかっている。だから、家長だけに話をして乗ってこない場合には、やはり家族を説得していく必要がある。

そうはいっても、最初から１００%の人がすべて個別営農をやめて、集落営農という新しい仕組みに移行するのはやはりむずかしい面もあるので、「段階的に」という方法も考える必要はある。

「個別営農がやれる間はがんばってください。しかし、やれなくなったときは、私どものほうで安心して農地を守れる仕組みを用意してありますから」ということで、今のうちから「予約」というかたちの同意だけはしておいてもらう。こうした緩やかな方法でスタートしているところも多い。「やれる間は、個人の機械で、個別営農でやっていただいて結構」というかたちだ。

しかし、どの道、後継者がいなければ、あと何年かすると作業できなくなる。それで様子見をしている人もいる。「集落営農の実績をみて、参加するかどうかの判断をしたい」と。

たとえば島根県ではほとんどの集落営農法人で、設立時に比べ、出資金も参加者も経営面積も増えている。業績が上がるにつれて、様子見の人たちがみな入ってくるからだ。最初は「機械がまだ新しいので」とか、「この機械が使える間は」ということで個別営農を続ける人もいるが、機械が壊れてくると集落営農に参加してくる。

家長だけを構成員とする農事組合法人方式の限界を打ち破るために、家族全員を構成員とする新しい集落営農法人をつくった長野県駒ヶ根市の農事組合法人「北の原」の例がある。最初から奥さんや後継者や若妻にも出資してもらって、法人の構成員として運営に参加してもらう。勤めていてもいい。可能な範囲で、あるいは特技を生かして参加してもらう。それぞれが無理なく役割分担をしていけばよいということなのだ。誰でもオペレーターがやれるように組織が費用を負担して機械の免許や資格をとらせている。

これは家の連合体としての集落、あるいは集落法人という伝統的な壁を破った新しい動きである。有志の結合組織、志をもった人の集まりという新しい集落の組織ができて、地域に新風を吹き込んでいる。いよいよこういう動きが実際に出てきた。その様子は前掲ビデオ・ＤＶＤの第1巻「10年後のムラと田んぼを守るには？」（農文協）で紹介されている。

いわゆる昭和一ケタ世代の人たちの、半世紀を超える労苦やその思いには十分敬意を表したい。しかし、思いだけでは個別経営も集落も維持できない客観状況であることもまた冷厳な事実だ。敬意を表しつつ、これからの新しい共同の方向に一緒に踏み出していただくようていねいに説明・説得していきたい。

家の連合体から人の結合組織による新しい地域共同体へ

右に少し述べた「家の連合体から人の結合組織へ」ということについて補足しておきたい。

私が集落営農を、それも可能な限り早い法人化を勧めるのは「イエ」連合としてのムラ共同体、農村共同体の維持はもはや困難だという認識にもとづいている。「家族」はなるほど今でも大事な紐帯であることに変わりはない。しかしそれと「イエ」とはイコールではないのではないか。したがって、後継者をどうするかということについても、「イエ」よりも地域で考えるほうが現実的だ。

すぐれた農業経営者が神業でランの新品種をつくって大成功したとする。当然、子どもに「後を継いでほしい」ということになるかもしれない。しかし子どものほうは、おやじのすばらしさは認めつつ、家業としての農業より宇宙飛行士や俳優や教師などになりたい場合もあるだろう。ＩＴが好きでコンピュータ関係をめざしたいかもしれない。それらのほうがもっと能力を発揮できる可能性は当然考えられる。そうだったら親は子の進路を強制するのでなく、農業経営の助けになるような人をほかからさがして新たに雇い入れ、その人を鍛え、託していけばよいのである。

これからは社会的な正義と、事業としての継続性の両方を満たそうとすれば、家業としての農業から地域の営農システムに変えることに合理性があるのではないか。本来、農業は地域の環境、自然的・社会的な風土のなかで営むものだ。倒産したＩＴ工場跡を植物工場にするとか、食品メーカーがよそから資本と人を入れて、いきなり山の中にトマト工場をつくるのとはわけが違う。あくまでも地域のコミュニティーと一体の関係で運営されていくものであることを強調したい。

そこでは、いろいろな人が参加できる。都市の若者で農林業や農村をめざす人は多くなってきている。家族経営に雇われるよりれっきとした法人である集落営農のほうが雇用関係などもはっきりして入りやすい。都会に出ていた次三男が定年になったり、なんらかの事情でむらに帰りたいというときにも、家族経営だとそう簡単には戻れない。「家の連合体から人の結合組織へ」と進化した集落営農という受け皿があれば入りやすい。

逆に、自分は長男だけれども、農業以外の職業に人生を託したいと思う人が、集落営農組織に農地を預けることで家を守りながら、自分の人生をしっかりまっとうできるのであれば、それは非常によい仕組みだ。集落営農で家の財産としての農地はしっかり保全される。今まで長男は「自分の代で農地を売ってしまったら先祖に申し訳ない」と泣く泣くイエに縛られてきた。それからも解放される。

あるいはまた、農家に嫁に来たとしても必ずしも農業をやる必要はない。看護師や保育士などをやってもよい。そういう家庭をつくらないと、もう農家というものが存続できない。農家に嫁いだら農業をやるのが当たり前というのでは、限られた人しか嫁に来ない。結局は嫁さんが来ないまま50、60

になっている農家の男性が実に多い。ここを変えないとむらはもう滅びる。

そういう意味では、かつては農地解放があり、そして今度はイエからの人の解放が集落営農によって可能になるのではないか。さらには、非農家や都市の出身で農業に入りたいけれど入れなかった人にとっても集落営農が格好の受け皿になれる。

共同体論と事業論とをどう組み合わせるかが重要だ。集落が直接経済活動の主体とならずとも、必要に応じていくらでも子会社をつくればよい。そのことによって集落のコミュニティーが永続できるのである。

集落協定「集落憲章」（申し合わせ）の締結

市町村によっては「住民憲章」というものがあるが、それに似せた「集落憲章」としての「集落協定」をつくりたい。そこには、みんなで最低限、守っていくルールを盛り込んでいく。たとえば、草刈りは自らの責任でやるわけだけれども、できない場合には隣近所で協力してやるとか、もう個別に農機具の買い換えはしないとか、農地の貸し借りはまず集落に相談して、集落の中ですすめることを大事にしていくとか。そういうことを最初に決めておくと、のちのちにいろいろな問題が出てきても解決のための動きがすすめやすくなる。これをやらずに、いきなり大枠の話をしてもうまくいかない。

たとえば、近隣の集落との間で、出入作というのが非常に問題になるわけだが、この問題も「協定がある、集落での申し合わせができているので」と言って断りやすくなる。「集落協定」を「口実」

にして防止できる。

「集落協定」の締結は、地域の１階部分の「農地利用改善組合」の結成にもつながっていく。所有権は個別にあるけれども、農地の維持管理は、地域共同の力ですすめて農地を守っていく。「集落の農地は、集落共同の力で守りましょう」という「標語」をつくっておく。公民館や各家庭にこれを申し合わせとして貼っておく。「住民憲章」に相当する「集落憲章」とすることで、みんなにとっての安心にもなり、集落でのまとまりを生む要素にもなるので、ぜひお勧めしたい。これが集落営農へのスタートの最初の部分である。

３割組織できるかどうかがカギ

集落営農のリーダーに聞くと、「どこの集落に行っても、積極的に話に乗ってくれる人は、だいたい３割くらいはいる。問題意識をもっていて、現状のままではダメだという危機感から、つねに新しいことに前向きに対応しようという人たちだ」という。

一方で、何でも反対という人も、どうしても１割くらいはいる。誰かが話を持ち出すと、「オレは絶対、そんな話には乗らない」と言い出す。「政府の話には乗らない」とか「お上の言うことは聞かない」とかいう。これが１割くらい。後の残りの人は、だいたいが様子見である。だいたいみんなが納得したら、ついていこうという人だ。

そういうことなので、まず積極的な賛同者を３割つくることがターゲットになる。３割というのは、ある程度、経験則であり、3割の賛同者を組織できれば、8割まではもっていける。これは、昔から集落の中での合意形成のひとつの知恵のようなものである。一方、ある程度で見切り発車していかないと、タイミングを失する。積極的な賛同者を3割得れば、どうしても参加したくないという人がいても、当面やっていけるだろう。

後からの加入や脱退をどう扱うか

集落営農の設立にあたっては、できるだけ多く、できれば集落の全戸の参加を目標に努力したうえで、組織の定款に「後からの新規加入は認めない」という条文を入れている例（たとえば広島県）がある。そのくらいきつくするメリットとデメリットは何か、よく考えたいところである。定款にそのように明記するのは、何より全員に参加してもらうためであるのも理由のひとつだろう。集落としては5年計画、10年計画で営農計画をつくり、それに見合うかたちで設備投資をしていく。そのため、あらかじめどのくらいの人が参加して、どのくらいの経営面積かということで、きちんと事業計画を立てたうえでスタートする必要がある。途中からさみだれ的にパラパラ参加されると、耕作面積が機械の能力を超えてしまうなど、経営、営農計画を変更せざるを得なくなる。資金の計画もやり直しとなってくる。厳しくいえば、最初ごねた人は、地域全体の営農計画を狂わせることになるので、後からの参加は認めないことにならざるを得ない事情もある。

広島県では、集落の全戸参加をめざす手段として、法人設立の際にはギリギリまで加入を呼びかけ説得を続けるが、以後の追加加入は認めないことにしている。この方針を徹底するため、すべての集落型法人が定款にその旨を明記している。これは県や指導機関の指導方針でもあるし、全法人が参加している集落法人連絡協議会組織の申し合せでもある。

設立時には説得されても参加しなかった農家のなかには、その後の事情で加入したいという人や、本人が寝込んでしまって家族が相談に来る例も出ているようである。しかし、県内各地で集落法人の設立を推進中の今の段階で、追加加入をダラダラと承認してしまうと、いわゆる「ゴネ得、身勝手」が認められてしまうという農村社会の悪弊が改まらず、現在取組み中の組織に迷惑がかかるとの判断から、設立後の新規加入は認めていない。

よくぞここまで徹底できるなあと思うし、ほかの県でこの話をすると「とても、うちの県では無理だな」との声が返ってくる。そもそも広島県がここまでして全戸参加にこだわるのは、集落法人の経営面積が狭小で、集落ぐるみで組織しないと、その後の経営が厳しいこと、中山間地での個別営農は持続が困難であるとの強い危機意識が背景にあるからである。だから、設立にあたって、地域や集落で十分に話し合いを積み重ねることを求めているのである。さらに広島県では、法人参加の条件として、個人機械は買上げ処分する等により一切持ち込みを認めていないことも、法人の施設や機械がフル稼働するよう配慮してのことである。

次に、設立後の新規加入を認めている組織については、加入の際に通常のルールにもとづく出資金のほかに「加入一時金、割増し出資金」を徴収するかどうか、という新たな問題が出ている。経営面積が増加するからプラスになる、という判断から特別加入金を徴収しないで加入を認めている組織のほうが多いようだが、それでは最初にみんなが負担して設備投資をしたところに、後からの参加者は、そこにただ乗りすることになる。それでは不公平だという意見も出ている。したがって、それまで1戸当たりどれだけ負担してきたのかを考えて、「参加一時金」というかたちで払ってもらう。市町村レベルの集落営農法人連絡協議会などで、こういう課題が今話題になり出している。これはルール化がなかなかむずかしい問題である。

逆に途中で脱退する場合もこれと似たようなことが考えられる。やめる場合の「脱退決済金」（脱退一時金）を払うことも検討しておかなければいけない。

なお、土地改良事業の転用決済金とか、構造改善の補助事業などで共同で負担をした設備投資に対して受益者負担金を払っているとき、途中で脱退する場合には、その分ほかのみんなの過重負担になってしまう。やめるなら、本人の負担金は最後の分まで払ってからにしてもらう。そうしないと全体が崩れる。そのことでは、だいたい規約がある。それにならって、集落営農でも、後から参加する場合には「参加一時金」を徴収する。逆に、途中で脱退するときには「脱退決済金」を徴収する。このようなことをやはりルール化しなければ組織はやっていけないのではないかということが検討課題として提起され始めている。

（5）園芸・果樹地帯における集落営農

園芸・果樹こそ集落営農が適している

どうやら「集落営農は、水田地帯で、水稲（およびその転作の麦・大豆）を対象に組織される」という考え方が定着しているように思われる。筆者は、この考え方は必ずしも正しいとは言えない、いや間違っているとさえ思うのだ。

たしかに現実をみると、集落営農は、基盤整備事業をきっかけに、水稲生産を協同化することを中核に組織された例が非常に多い。また、集落の農家の「共通の作物」なのでまとめやすいし、栽培技術が平準化していることも協同作業に向いている。機械の台数を劇的に減らせるので、事業効果もすぐに共有できる。そして、いちばん大きな理由は、政策が水田作農業の構造改革を強力に推進する手段として後押ししているから、「主として水田地帯で、水稲と転作の麦・大豆を中心に組織されている」かたちになっているだけではないのか。

第1章で考察したように、米主体の集落営農はまだ発展途上の形態であり、持続的に発展・進化するためには、経営の多角化・複合化・6次産業化が不可欠であることも、共通理解になったと考えるからである。

ここでは、より積極的に、「園芸や果樹こそ、本来は集落営農が適した作物なのだ」と論じたいのである。多くの読者は、「園芸や果樹は生産者ごとの技術差が大きく、それが価格差・所得差に直結するので個別生産志向が強く、稲作のような協同作業には向かないのではないか？」と反論するかもしれない。しかし、それは前記のような実態に影響された「思い込み」なのである。

農地改革後、「自作農主義」に立脚した農林省は、旧満州開拓団の引揚者の入植開拓地などの特殊例外を除き、家族経営以外の法人経営などを認めなかった。しかし先見性をもったリーダーが現れ、１９５９（昭和34）年に、農協の指導によって、３６０戸のみかん農家を41社の協業経営法人に再編成した農協法制定後最初の集落営農法人が発足した。それは、愛媛県北宇和郡吉田町の立間《たちま》農協の組合員みかん農家と西山茂組合長の英断であり、これが発端となって国会や農林省を動かし、62年の農地法改正によって「農業生産法人制度」、農協法改正による「農事組合法人制度」が発足したのである。

このように、戦後の農業法人・協同経営方式の集落営農運動は「みかん農村」から始まったことを力説しておきたい。

園芸・果樹地帯の個別生産は限界に

①園芸・果樹生産は労働集約的であり、家族労働力のみでは不足するので、収穫時期等に多くのパート労働に依存する傾向が強まっている。しかし、地域社会の高齢化を背景にパート労働力の不足・枯渇化が深刻化しつつある。

個別経営方式では季節的雇用形態であり、安定的な周年雇用は困難である。

②園芸・果樹経営は、水稲と比較した場合に面積当たり投資額や必要労働力が大きいため、高齢農家が引退廃業しても近隣農家が引き受けて規模拡大することは容易ではなく、廃園化する可能性が大きい。

③園芸・果樹農家でも後継者不足は深刻化しつつあり、「産地としての活力の低下」が顕在化しつつある。

④園芸・果樹農家の多くが水田も所有しているが、稲作収入への依存は小さく自給向け生産が主体である。しかし、稲作用の機械も揃えなければならず、稲作部門は「赤字の垂れ流し」状態になっている。そのうえ、稲作部門への個別労働の投下が主力の園芸労働と競合し、園芸部門の「足を引っ張る」ことが悩みの種となっている。

問題解決策としての集落営農

右のような園芸・果樹産地が直面する諸問題の解決策としての集落営農への取組みが各地ですすめられている。

最も取り組みやすいのが、右の④の園芸・果樹農家の「赤字の水稲部門」を地域として寄せ集め、農協等がこれを協同経営に再編成する段階を第一歩として、長い時間をかけて新しい地域営農システムを構築していく道であろう。その事例をいくつか紹介しておくことにしたい。

園芸産地である宮崎県児湯《こゆ》郡新富町では、園芸農家の水田を持ち寄ってまとめて集落営農法人（農）きづくめの里を設立・運営している（新富町上富田地区）。リーダーは、元経済連参事を退職後帰郷して合併前の新富町農協組合長を務めた。

さくらんぼ地帯である山形県寒河江《さがえ》市三《み》泉《いづみ》地区では、旧村単位にさくらんぼ農家の水田を1農場に再編成して、若い稲作経営者たちを育てようと取り組んでいる。リーダーは地元の農業委員・農協理事を務めた人物。

同じように、園芸地帯である山形県酒田市袖浦《そでうら》地区では、袖浦農協の指導のもとに旧村の水田を農協出資の1農場方式に再編成することをめざして取り組んでいる。

山形県の2事例に関しては、筆者も何回か現地を訪ねて少しばかり手伝っている。

次の事例は、みかん産業の危機打開をめざした取組みである。

瀬戸内海の生口島・高根島の2つの島で構成される瀬戸田町（2006年に尾道市へ合併編入された）は、耕地の9割がみかん園である。その高根島地区で、09年4月、30代～50代の中堅生産者7戸が出資するみかんの集落営農法人「（農）レモンの郷」が設立された。

（6）組織立上げの進行管理表

第1章で説明した「2階建方式」の集落営農組織を立ち上げるには、集落段階での話し合いからスタートし、多くの人びとの熱意の結集とエネルギーの投入を必要とする。よく関係者の間で、「10

0回前後の話し合いが必要」とか、「担当者の誰かが肝臓を悪くして病院通いしているという噂が聞こえてきたら、あの集落でも集落営農組織ができたということだ（つまり、集落の人たちと会合を何回も開いて酒を飲んで、本音を引き出せたら成功という意味）」とユーモア交りで語られるゆえんである。

そうは言っても、ただ集まって話をするだけでは前へすすまず、そのうち熱も冷めて立ち消えということになりかねない。

各地の取組みのなかで工夫され、共有されている「集落営農設立支援の知恵袋」とでもいうべきノウハウが蓄積されつつある。そのひとつを紹介するので参考にしていただきたい。

図2-1に掲げたのは、福島県会津みどり農協の集落営農支援チームの毎月の検討会で配られる資料の一部である。まず、管内のモデル集落を選び、農協・役場・県からなる支援チームの担当者が、集落リーダーに協力して1年間で「1階組織の農用地利用改善団体」の組織から始める。

２００６年度には38集落、07年度には41集落を指定し、毎月末に関係者が一堂に集まって進捗状況を報告・確認しながら、情報交換し、ノウハウを共有する。集落リーダーと支援チームが、具体的な目標を共有しながら、手応えを共感することは成果につながる。

このやり方が有効であったことが評価され、今では福島県内のほかの農業普及所や農協でも共通に利用されている。

2006年度モデル集落進捗状況（2月）

	集落名	集落営農相談員名	1段階		2段階		3段階		4段階			5段階		
			集落代表者・担い手等との接触	集落説明会（改善団体）	アンケート調査（意向調査）	集落説明会（結果報告）	集落説明会（設立合意）	設立準備委員会の設置	設立準備委員会の開催	改善団体規約の作成	農用地利用規定の作成	集落説明会（規約・規定）	設立総会の開催	町村への申請
本郷	本郷南地区		○	○			○	○	○	○	○	○	○	○
	福光		○	○	○	○	○	○	○	○	○	○	○	○
	相川		○	○	○	○	○	○	○	○	○	○	○	○
	大門		○	○	○	○	○	○	○	○	○	○	○	○
	堀滝		○	○	○	○	○	○	○	○	○	○	○	○
	柳西		○	○	○	○	○	○	○	○	○	○	○	○

2007年度モデル集落進捗状況（2月）

			1段階		2段階		3段階		4段階			5段階		
本郷	螺良岡		○	○	○	○	○	○	○	○	○	○	○	○
	八重松		○	○	○	○	○	○	○	○	○	○	○	○
	大八郷		○	○	○	●								
	関山		○	3/16	3/16									
	福永		○	○	○	○	○	○	○	○	○	○	○	○
	荒井		○	3/13										

図2－1　会津みどり農協の集落営農進行管理表

注：2008年2月末開催時の本郷支店管内分（相談員名は抹消した）。
○は既に実施済みの項目　●は当月に実施された項目　日付は具体的な予定

2　集落営農の組織と運営

(1) リーダーの役割と世代交代

すぐれたリーダーも永遠ではない

集落営農を組織し運営していくとき、すぐれたリーダーがいるかどうかはとても大きな要素になる。集落営農が早く立ち上がって実績が出てきているところは、どこでもすぐれたリーダーがいるといわれている。逆に、集落営農をやろうと思ってもなかなか話がまとまらない、組織ができない理由は、その地区にはリーダーがいないからだといわれる。先進地視察に行けば、必ずといっていいほどみんなが「うちにはああいうリーダーはいないなあ」と言う。

ただ、ひとりのすぐれたリーダーがいて、大いに能力を発揮しているというのはそれはそれで幸福なことだ。しかし、みんながあまりにもその人に寄りかかりすぎて、その人の力量に依存してしまえば、逆に大きな問題点やリスクを背負うことにもなる。なぜかというと、リーダーは不死身ではないわけだから。10年、20年のうちにはそのリーダーも以前のようには力を発揮できなくなってくる。あるいは考え方が時代遅れになるかもしれない。

こういう事例がある。島根県でわりと早く集落営農法人を立ち上げて、かつては広く知られたモデルで、多くの視察者が訪れていたところですぐれたリーダーがいた。ところが法人ができてから十数年が経って、その人は70代となる。役員も、オペレーターもみんなが年をとってしまったために、今は非常に困っている。以前のようには農作業ができなくなってしまったからだ。草刈りも十分にはできない。つくる作物も減らさざるを得なくなり、かつては大豆栽培や味噌加工までやっていたのに、それもやめた。今はシルバー人材センターから草刈りの応援まで受ける状態になって、活動が停滞している。その原因はこの十数年、新しいメンバーがひとりも入っていないことにある。いつの間にか高齢化がすすんでしまったわけだ。

「どうしてこんなことになったんですか。若い人たちに声をかけなかったんですか」と尋ねると、

「今の若い者はこんな儲からない稲作に興味や関心を示さない。みんな花とかそっちのほうをやりたがっている。施設園芸だとかね」

「では、女性たちはどうなんですか。味噌加工なんかやっていたじゃないですか」

「みんな孫のお守りか、病院通いで、戦力になるような女性はおらんのですよ」

いかにすぐれたリーダーがいても、長年その人に依存してやっているうちに、いつかその人が高齢化してきて、以前のようには力が発揮できなくなってくる。あるいはいつのまにかやることがマンネリになって時代遅れとなり、組織も地域の中で魅力あるものではなくなってくる。こうしてさまざまな問題が出てくる。

とくに非常に力量のあるリーダーに限って、本人は気づかないのだけども、何年か経つうちに実は

その地域全体の「お荷物」になり、「抵抗勢力」になってしまっている事例も見聞きする。その人の存在が次へ向かって地域が進化できないいちばんの原因になってしまうことさえある。

早めの後継リーダー育成に役員定年制も一法

こういう事例もあった。そのリーダーは元、市の職員だった。在職中からいろいろ情報ももっていたものだから基盤整備事業、圃場整備事業を呼びかけていく。人脈や情報を生かして、すみやかにその地区が事業の採択を受けることができた。地区の功労者でもあったわけだ。事業が始まったときに、ちょうど市の職員を定年退職した。今度は土地改良区を立ち上げてその理事となり、圃場整備事業をすすめた。事業終了後は集落営農を立ち上げて営農組合の組合長をしていく。このように献身的な努力をして、地域を引っ張ってきた。

一方、今この集落営農では、次の世代の人たちがもっといろいろな営農方式を取り入れたい、売り方を新しくしたい、新しい作物を導入したい、あるいは法人化したいとさまざまな計画をもつようになっている。けれど、いろいろな話し合いの場にその人が出てきて意見を述べると、誰も反対できない。ちょっと先へ行けないような状態になってしまっている。

これもある県の元職員がリーダーとなった事例だ。干拓地だったところで規模がとても大きな大区画の圃場整備をすすめた。用排水路は最新システムを導入し、集落営農方式を立ち上げた。長期間、一身に地域を引っ張ってきたその人が亡くなって、２代目の組合長となった。しかし、もう困ってしまっている。「あんまり立派なものをつくっちゃって、みんなが〝頼んだよ〟って田んぼをそこに預けて勤めに出てしまって、いっさい集まりにも来なくなった。それで今は何もやれなくなってきている」

こういう事例をみてくると、リーダーというものは時に一歩下がる、あるいは引き際というものが大切であることがわかる。円滑な世代交代は組織の永続に不可欠だ。それにはやはり早いうちから若い人たちに声をかけ、役を割り振って育てていかなければならない。若い人にどんどん役を振って、取り込んで、自分は縁の下の力持ちになっていく。多少まだ不安でも早目に引退してバトンタッチしたほうがよいといえる。そのためにリーダーになったときから後継者づくりを意識することだ。これはリーダー個人だけの責任ではなくて、地域のみんなが共有していくべき課題である。

市町村単位とか農協単位で集落営農の法人連絡協議会といったネットワークをつくることも大切だ。そこで情報交換をしたり切磋琢磨して次世代のリーダーたちに次々とバトンタッチをしていく必要がある。集落営農を2階建てのかたちにするなら、1階部分での地域の面倒な調整役は社会経験豊富な年配の人が引き受け、2階部分での新しい経営情報や技術のいるマネジメントの仕事はなるべく40代、50代の人たちに振っていくなどの工夫が必要ではないか。

滋賀県の「酒人《さこうど》ふぁーむ」は、オペレーターに55歳定年制を敷いた。初めから55歳で定年とわかっているので、早くから後継者づくりを意識し、どんどん世代交代がすすむ。こういうかたちが新しいやり方といえる。そうしないと、ついすぐれたリーダーが20年も役員を続けて、農林大臣賞とか天皇賞とかをもらって表彰され、名刺にたくさんの表彰歴などが書かれてくる。そうなると、まわりはその人に頼り、本人はやめられなくなる。こうなったらその組織は動脈硬化がすすむだけである。

リーダーは役員やオペレーターなどいろいろな役をやっている人が多い。これもスーパーマンでもなければできないことなので、逆に新しい役員の成り手が出てこなくなる。最初のリーダーが苦労して成し遂げたことの影響がこういうかたちで出てくるわけだ。

役員について、私はつねづねこう言っている。「集落営農というのは、誰も損をする人が出ない。誰も貧乏くじを引く人がいない。これはすばらしい仕組みなのでお勧めしているのです。ただし役員になる人は大変ですよ。組織づくりでは反対する人を説得し、組織ができた後は、ろくに役員報酬ももらわないで働いて、みんなにはたくさんの分配を出せるよう頭を悩まさなければならない。そういうみなさんの仕事は、ほかの人にはできない仕事です。天が自分にリーダーをやれと命じたので、地域のためにやっている。みんなから託されて天から指名されてやっているのだと思って、ひとつ意気に感じてやってください。きっと後世、あの人のお陰でよかったなと言われるでしょう」と。

その一方でセミナーなどに来られるリーダーには、「立ち上げのときのリーダーには、大変な負担がかかります。ただし、いつまでもみなさんがリーダーをやっていると後が困るので、次々に自然と世代交代していかないとね。だから、誰でもやれるような仕組みをつくって、円滑に役割が交代できるようにしてください」とお願いしている。

（2）役員、オペレーターなど上手な役割分担を

〝ひとり何役も〟は無理がくる

すべてをひとりがやるみたいなことではなく、役割分担して中心になるリーダーとサブリーダー、それからオペレーターと役員ですすめていく。こうしていろいろなことを分担してやらなければいけない。

たとえば、定年退職者の人たちに、オペレーターの研修を受けて勉強してもらって、資格をとって仕事がやれるようにする。それから土日はなるたけ若い人たちに仕事を振って、オペレーターとしても出てもらうようにする。オペレーターは必ずしも大規模農家だけがやるとか、役員がオペレーターを兼任しなければいけないものではない。

たとえば、福岡県のある集落営農法人では、オペレーターは23人登録されているけれど、実際に中心になるのは8人。すべて施設園芸と酪農家だ。稲作農家はオペレーターをやっていない。みんな勤めに行っている。

ふだん集落にいる専業的な人が組織の役員を引き受けるが、オペレーターは定年退職者や兼業に出ている若い世代が交代でやっている例もある。鹿児島県のある集落営農法人では役員はいちご農家、肉牛農家、バラ農家、採卵鶏農家がやっている。しかしその人たちにオペレーターはできない。なぜなら、自分のところが労働集約的な仕事をしているから時間のやりくりがむずかしいからだ。オペレ

ーターは班編成で、月曜日から金曜日までは定年退職者が、土日は若い人たちが、という具合に日程のやりくりをして従事する。役員はむしろ組織の運営に徹する。役員とオペレーターの組合わせを柔軟に考えるとこうしたことが可能になる。

オペレーター確保に多様な工夫を

組織の構成員には、まず草刈りや水管理など、なるべく自分たちができる範囲のことをやってもらい、機械作業などはオペレーターに委ねる。長野県駒ヶ根市の「農事組合法人北の原」では、集落によって女性も含めて全員が機械作業のオペレーターになれるようにしている。そのための免許をとる費用を組織できちんと出す。つまり、特定の人だけに重い負担をかけないように、集落総出でやれるようにしているのだ。女性がオペレーターを中心的にやっているという地域もある。

逆に、大規模農家の若い人たちにオペレーター役を振って、その人たちが何百万円もの収入が確保できるようにする。これで若い担い手を育てているところがある。それからＩターン・Ｕターンの若い人を雇用して、オペレーターとして育てることも集落営農の利点だ。

結局、集落営農で特定の役員と特定のオペレーターが地域の農業を請け負っていくという仕組みでは長続きせず、地域は元気にならない。ごく少数の人だけが農業に携わり、それ以外の人はお客さんになって参加する機会を失っていく。これではよくない。そうではなく、地域にいる多様な人材が、そのさまざまな条件に応じ、能力をフルに発揮しながら生涯現役で働くことを保障する。それでむらがうまく回っていく。そういう仕組みが集落営農の本当の姿なのだと思う。

いま農村には、かつてないほど多様な職業経験もった人たちが大勢いる。たとえば、「経理ができない」などと言うけれど、それは家長だけをみているからだ。その家族をみれば銀行や信用金庫などの金融機関に勤めている人だっているし、農協や会社で経理をやっている人だっている。それから営業をやっている人もいる。塾で教えている人もいる。電気関係、板金、自動車整備工場に勤めている人もいる。役場の人もいる。あらゆる人材がいる。

たとえば、広島県東広島市の重兼農場の組合長は代々、県の普及のＯＢである。経理担当は信用組合のＯＢで、非常勤の機械部長は農機具メーカーの現職の技術部長だ。これこそ最強の組合わせではないか。このように集落営農では、多様な人材を総動員して活用することで、大きな能力が発揮できる。米の機械作業だけではなくて花や野菜、さらに加工・販売などと6次産業化をすすめていくと、女性やさまざま技術、経験をもった人たちが必要になる。

法人と構成員、地域との結びつきをどう強めるか

集落営農組織は、設立するまでにも多大な時間とエネルギーを必要とするが、実はできあがった組織を充実し、発展的に運営していくためにその何倍もの努力と工夫が必要なのである。

経営管理面の課題については次の第3節で論ずることにしているので、構成員や地域との結びつきをどうやって強めるのかについて述べておきたい。

この課題は、集落営農とは単なる営農組織ではなく「地域の暮らしを支え、地域を再生・活性化する活動組織である」というその本質の根幹にかかわっている。

具体例を提示してみよう。中国地方の２００haの圃場整備された水田を預かり、効率的に水稲と転作大豆を生産している大規模な集落営農組織で、順調に組織運営は軌道に乗って第３期の決算総会を迎えた。この農事組合法人の正組合員は２６０人もいるのに、総会当日の実出席者は40人のみで、残りの組合員は委任状を提出した人か、まったくの欠席者であった。実出席者のうち役員が15人いるから、一般組合員の出席率は著しく低い。

このように、農地を預かってもらって、一定額の地代や分配金さえ入れば自分は兼業（実は本業）に安心して就業できるので結構なことだ、農業は役員と一部のオペレーターにおまかせ、という状態になったら問題である。

いかにして、求心力を高め、結束を維持していくか。たとえば、図2-2に掲げたような「組合だより、集落営農ニュース」などを発行して組合員や地域に情報発信をしている組織があるのは、大いに参考になろう。集落営農祭り、収穫祭などのイベントを頻繁に開催して存在感を高めたり、直売所を運営して地域の生活になくてはならない活動を展開している組織もある。

協同 グリーンワークだより

・地域のために　地域と共に　平成20年10月27日

秋の収穫が終わりました。

豊作に感謝

会社設立以来最高の出来高

8月25日からハナエチゼンで始まったコンバイン作業。まずまずの天候に恵まれ10月13日、後谷地区のきぬむすめを最後に終了しました。今年は適度な有効茎分げつと、幼穂形成時期に十分な積算温度になる天候が、適切な時期に続いた事などが豊作へとつながりました。総出来高は2037袋、反当8.3俵でした。諸管理ご苦労様でした。

出来高傾斜配分を見直し

平成16年より始めた出来高傾斜配分を廃止し、基準管理料の10㌃当たり1万9千円をこれまで通り支払う事にしました。

これは、18年度から堆肥、化学肥料、農薬など全て会社で購入散布する様になったのと、エコロジー米栽培で肥料・農薬などに制限があり、管理者が勝手に投入出来なくなりました。そのような背景のなか、今年度より廃止と致しますのでご理解をお願致します。

販売先内訳

販売先	30k	20k	30k換算
直販米	859	601	1,261
借地料	41		41
社員飯米		492	328
加工米	203		203
JA出荷	191		191
予　備		20	13
合　計			2,037

10月27日　第6回役員会報告

- その後の状況について
  - ・10月13日刈取りが終了。25.3ha.
  - ・ライスセンター利用31.2ha.
  - ・事務員採用　藤原美尚　掛合町10/1付
- 収穫の状況について
  - ・総出来高2,037　反当8.3俵の出来
- 借地料、管理費の支払について
  - ・出来高傾斜配分を適用しない
  - ・近々に支払いをする
- 飯米について
  - ・請求書を送付する
- 今後の動向について
  - ・堆肥散布と荒起しを実施する
  - ・JA佐田給油所の灯油配達業務を受ける

小学校に羊をリース

窪田小学校2年生の子供たち15人から頼まれ子羊のリースをこのほど実施しました。

学校前の農地に、保護者の皆さんが羊小屋を立て、会社も子供たちと一緒に電気牧柵を張る仕事などを手伝いました。

これは、子供たちのふれあい教育の一環で、日々の羊の世話をとおして、命ふれあい、命を学ぶ機会になることが期待されています。来年の3月までです。

小屋ができるの待つ子供たち

11月よりエコ堆肥を散布し荒起しをします。山になっている藁を広げてください。

図2－2　島根県出雲市の㈲グリーンワークが発行している法人だより

（3）法人か任意組織か

任意組合では対応できないことが多い

集落営農をいきなり法人化するといえば、地域のみんなが躊躇《ちゅうちょ》するのではないかという声がある。「集落営農はいいんだけど、法人化する必要があるのか。任意組織だっていいんじゃないの」と。「これまで構造改善事業などでも、利用組合や営農組合など任意の組織をつくって運営してきたじゃないか。それで何にも問題なかったじゃないか」と。

法人化には抵抗があったり、躊躇したりしているが、私はどうせ取り組むなら最初から法人化することをお勧めしている。なぜなら、任意組合や任意の特定団体で農業経営を行なうことには非常に無理がある。集落では個別営農を補完するために協同の作業などの取組みをしているわけだが、しかし、集落そのものは何千万円もの資金を集めて、資本投下をして、自ら農業生産・経営をやっていくのにふさわしい組織ではないからだ。今の資本主義社会の法体系でいうと、人格なき社団とか任意組合というものは、メンバーが固定していて、みんなが共通の目的をもっていて、協同して事業をやっているときのかたちを想定している。

たとえば、東京の赤坂に新しくマンションを建てる。そのときに大林組と清水建設と熊谷組が合同して共同企業体をつくって建設をしたり、下請け電気の会社を入れたり、というのは任意組合でもよい。一時的な特定の協同の目的をもって、共通の利害でもって役割分担してやっていく。終わ

集落と法人

　集落というのは、かなり変質しつつあるけれども、ムラ共同体としての本質を維持している。ムラ共同体は自らが主体・主役にはならない。あくまでも個々の構成員が平等・対等な１人（１戸）１票の発言権をもつ主体なのである。だから集落営農の法人化に強く抵抗する人がいる。

　しかし、それはムラ共同体としての集落と集落営農とを混同しているところから法人化拒否論が出てくるのである。ムラとしての営農組合は非営利の共同体のまま、１階部分を共益的利害調整組織として運営し、経済事業の主体としての集落営農法人は２階部分に機能を分けるというのは、そういう手続きなのだ。

　第１章で回顧した70年前の農事実行組合も、60年前の共済組合、農協、土地改良区も集落とは別に、必要に応じて法人組織をつくってきた。今回も必要があり合理的だから集落営農法人は２階部分につくればよい。それがムラ共同体の知恵である。

ったら解散することを予定しているのだ。

　これまでの「補助事業の受け皿」としての営農組合も似たようなもので、特定の受益者が集まって、個別にはできないようなことを協同で負担をしてやっていく。法人格はもたないので資産は共有で、経営成果は個別に分配・申告。結果が出たら解散、そういうことにふさわしい仕組みとしてあった。

　一方、今の集落というのは、農地を使えなくなって貸すだけの人、ある程度の作業をする人と役員とオペレーターを引き受けて中心的にやる人、というように分解してしまっている。みんなが同じように出役をして、みんなで利益を分け合っていくという建前どおりのかたちではなく、かなり分化している。そういう状況で法人格のない任意組合では今どういう問題が起こっているか。任意組合では

集落営農法人と一般の農業法人との違い

第１章（62〜66ページ）でも説明したが、一般の農業法人は、利潤追求を目的に設立経営される。資本および利潤は出資者（経営者）の私有財産であり、帰属物として私的部門（家計）に分配される。

これに対して集落営農法人は、組織形態は一般の営利企業と同様に組織・経営されるが特定の出資者の私的利益ではなく共通の利益すなわち公益を目的とする。すなわちＮＰＯ法人や公益ファンドとしての本質をもつ、資本主義の次の新しい経営体なのである。すなわち資本主義の株式会社の衣をまとっていても、その精神は新しい時代を担っている。

法人格がないので農地が借りられない。貸したい人が多いのに任意の組合では借りることができない。しかたがないから一部の人が個人で借りて、それを組織にいわば下請けに出している。いわば「又小作」に出している。こういうことでは法律上おかしいわけである。しかし、しかたがないから黙認されている。任意の組合は、組織としての財産はもつことができない。たとえば、機械を購入しても任意組合の財産ではなく、すべてみんなの共有物として管理するかたちになる。実際はみんながお金を出し合って、組織として機械を買って、それを使っているものとして認識しているにもかかわらず、である。

登記や税法上の無理

ただし、機械などは登記をしないので、なんとか問題が隠れている。しかし、格納庫を建てる、事務所をつくる、加工場をつくるとなると、所有権を保存登記することになる。このときに全員共有の持分登記をする。つまり、誰それが何分の一ずつ持ち分を所有しているというかたちになる。すると受益者が特定されて、持ち分が決まっている間は問題ないが、相続で世代交代が起きれば、そのたびに持ち分の登記を変更しなければならない。場合によっては、都会に出ている子どもなど、地元にいない人に所有権が移ることもある。そういうことを繰り返していると、実際はもう地域で管理ができなくなってきてしまう。

さらに税法上の問題もいろいろある。たとえば消費税の負担などの税法にまず対応できない。それから自分の農地を集落に出して、その農地だけを自分で耕作するのは、税法上は収益事業ではないが、農地を預けて自分は作業に出ないのであれば、税法上は不動産貸付業となってしまう。税金の区分からいうといちばん高い税率が課せられる。

オペレーターの人などは他人の農地を耕作した場合は「請負業」という扱いだ。自分の農地で耕作した分は事業所得になる。だから農地を出す人と受ける人がいて、作業に従事する日数がみな違うようになってくると、もう組織として成り立たない。つまり任意の営農組合でこういう協同の農作業をしていくのは、近代法制と合わなくなってきている。集落という地域のコミュニティー、共同体は、経済行為の主体として想定されていなかったわけで、任意組織は一時しのぎのものであって、これから永続的に地域を担っていく仕組みとしては無理があるのである。だから集落営農は法人化したほうがよいと私は考えている。

経理も恐れるに足りず

法人化するとなんとなくいちばん面倒くさくなりそうなのは経理で、財務諸表もつくらなければならない。しかしそれは農協も土地改良区も共済組合もみんなやっていることである。それには専門的な人が必要で、農家の人たちはそんなのわからないという話もあるが、子どもたちが銀行や農協、会社に勤めていれば、そこで経理はやっている。あるいは農業高校や商業高校で簿記２級、３級などの資格をとっている。

また、最近は簿記の知識がなくても日々の売上、仕入を入力していけば財務諸表や税務申告書が自動的に作成されていく便利な簿記ソフトも発売されている。

集落営農が法人になっていないと、働く側からみると労災保険にも入れないので安心できないし、雇用の場としてとても不安定だ。人をきちんとしたかたちで雇えない。いかに農村に人を入れるかというときに、これでは若い人が安心して農村に入ってこれない。

だから私は法人化するのが最も望ましい方法で、しかも５年も待つのでなく１年でも早くやったほうがいい、やる気になれば、すぐにでもできることである。

ある県の同じ管内で２つの対照的な集落営農をやっているところがある。ひとつは法人化して、内部留保した資金をもって、働いたら毎月給料がもらえるし、資材は現金仕入れで有利に事業を展開している。もうひとつは古い考えの組合長がいて、任意組織でやっているものだから組織としてのお金はいっさいもっていない。だからオペレーターにも賃金も払えないで、収入が入ってから年２回の後

	農事組合法人	株式会社
根拠法	農業協同組合法	会社法
基本的な性格	多数の人びとの集合体。その結合の組織力で事業を行なう。	小額ずつ多数の人びとから資金を集め、その資本力で事業を行なう。
組織の目的	構成員の共同の利益（福利）の追求。	利潤を獲得しつつ、組織を持続的に発展させ、事業目的を実現。
議決権の決め方	１人１票（出資額の大小にかかわらず平等）。	出資額の大小に応じて議決権。
組織運営の特徴	構成員（組合員）は出資し、運営に参加し、利用する。構成員以外の利用は20%以内に制限。	出資者（株主）は、専門経営者を雇って経営を委ねることも可能。出資者以外も利用することは自由。
メリット デメリット	意思決定に時間がかかり経営者（組合長や理事）の適切な経営判断が反映しにくいデメリット。	責任をもつ者に決定権があるので、すぐれたリーダーの手腕が発揮しやすい。反面、ワンマン独断をチェックできないデメリット。

図２−３　農事組合法人と株式会社の違い

払い。これでは若い人には頼めない。資材は全部農協のツケで、その分の金利を払ってお金を借りて、しかも働いても給料をろくにもらえない。どちらに魅力があるのかは歴然としている。

農事組合法人か株式会社か

集落営農法人を設立するとすれば、農事組合法人か株式会社かということになる。これまでは、圧倒的に農事組合法人であったが、最近では株式会社法人も少しずつ増え出してきた。

農事組合法人が多く選ばれてきたのは、農村集落で共同の利益を目的として設立される法人は農協法にもとづく農事組合法人がふさわしいとの通念があり、県・市町村・農協もそのように指導してきたからである。また高齢の農家のなかには、株式会社といえば新日鉄やキヤノン、トヨタと同じように利潤追求を目的とする企業であるとの「拒絶反応」があると説明されてきた。

自分の子弟の就職先にはそのような一流の株式会社法人を希望しながら、心の底では金もうけを軽蔑するムラの論理が生きているらしい。

それはともかくとして、図2-3に整理したような違いがあるので、設立にあたっては、わが集落では将来的にどのような事業活動を展開する計画なのかをよく検討したうえで決める必要がある。

なぜなら、農事組合法人は農協法にもとづいて設立されるので、農協と同じくやってよい事業はここまで、という制限がある。第1章で述べたような高齢者の送迎サービスなどは農事組合法人ではダメで、株式会社でなければならない。農協も、株式会社の子会社をつくってそのような事業展開をしているのはそのためだ。また組合員以外の利用（「員外利用」）は2割以内という制限がある。したがって、「地域に貢献」することを事業目的とする場合には、農事組合法人は不適合になろう。

もちろん、当初は農事組合法人としてスタートし、将来、株式会社に組織転換することは可能であるが、手続に経費や時間がかかるから、最初から株式会社で発足するのが合理的である。

もうひとつ大きな違いは、その意思決定のやり方である。農事組合法人は出資額の大小にかかわらず1人1票の議決権なので、意思決定や合意に時間がかかる。すぐれた手腕をもった経営者がいても、その人の意見は何十分の一しかない。

岩手県の集落営農大会で実践報告をした農事組合法人の組合長が4人とも、この点を問題に取り上げ、なるべく早い機会に株式会社に改組したいと語っていたのが印象に残っている。

個別経営の限界をみんなで乗り越える集落営農法人

私的企業としての担い手型オーナー法人とは違い、集落営農法人は、いわば地域社会の社会的資本をもって運営されており、地域の社会的存在であるといえる。地域のさまざまな資源、人材、資金を結集し、地域の農協をより高度に活用して、地域を支えながら持続、進化していく。集落営農法人の性格は、このような社会的経営体になっている。

それに対して個別法人というのは、あくまでもプライベート・ビジネス、すなわち私企業である。だから私的利益の追求をしよう、自らの生活を豊かにしようという、いわば資本家の、経営者の意志をもって企業経営をしていくことになる。たとえば、労働力の雇用でも、個別認定農業者たちが人を雇用して経営を安定的にすすめようとすると、できるだけ安い賃金で熱心に働いてもらえる人が望ましいことになる。そうすると多くの場合は、外国人研修生に期待する。月額8万円の研修手当で日本人よりは一生懸命働いてくれる。彼らはいっぱい稼いで送金したいというので、働き手としてはいちばんの狙い目になっている。関東では千葉でも茨城でも外国人研修生に依存した経営があちこちで非常に多くみられる。

それに対して集落法人は、地域の多様な人材で、高齢者から若い人まで男女の別なく、勤めに出ながらでも、さまざまな形でいろいろな人材を総結集してやっていく。外国から研修生を入れてわざわざ研修寮用のアパートをつくってまで働いてもらう必要もない。

3　集落営農の資本と資金管理
——持続可能な集落法人のマネジメント論——

（1）経営をみる基本—限界利益、固定費削減などのポイント

利益確保が法人存続の基本条件

集落営農法人は農業と地域を守る組織なのだが、単なるボランティアやサークルでないことは言うまでもない。だから経営体として利益を確保していくことが基本となる。集落営農は利潤追求を第一義とするものではないが、それは利益を求めなくていいということではむろんない。利益はきちんと出す必要がある。それなくして組織はもたないからである（図2－4参照）。

集落営農法人が利益を獲得するには2つの方式がある。利益は「売上－経費」なので、売上を増やすか、経費を削るかだ。その両方ができれば最もよい。

集落営農法人を設立して劇的に減る経費が固定費である。それまでは集落の農家が個別に農機具を購入して、過剰投資で赤字の垂れ流しをやっていた。集落法人ができることによって個々の農家が農機具を買わなくてもよくなる。固定費の節減効果が実にはっきり出てくる。さらに法人になると大口仕入れやその他、規模の経済によってもコストはある程度下げられる。しかし、あるところを越える

集落営農法人の経営管理の課題

(1) 組織が安定的に発展持続するためには、経営管理（資金管理）が最も重要である。

(2) 経営管理とは目標管理である。

すなわち、年度当初に具体的な経営目標（数値目標）を立て、毎月末に月次目標と実績を点検し、年に12回の点検管理を積み重ねることによってのみ当初目標の実現が可能となる。これが経営管理（目標管理）の中身である。

毎年決算時の「年１回の後追い確認」では、役員の責任を果たすことはできない。

(3) 第一の目標は、「必要利益」（目標利益）の確保である。稼得した利益は、運営上必要な自己資金として内部留保しなければならない。

利益の発生→自己資本の増加→流動資産の増加→運営に必要な「資金の増加」

損失の発生→自己資本の減少→流動資産（とくに現金＋預貯金）の減少→資金繰りの悪化→倒産

(4) 第二の目標は、「十分な当座資産（現・預金)」の確保である。これが不足すると、資金繰りに詰まって、たとえ決算書（損益決算書）が黒字でも倒産することがある。

(5) 集落営農法人の経営管理に必要な帳簿は以下のとおり。

①貸借対照表　②損益計算書　③資金運用表　④資金繰り表

図２－４　集落営農法人の経営管理の基本

となかなかむずかしい。もちろんその努力をする必要はある。そこで、もう一方の売上のほうを増やしていく。これはいろいろな可能性がある。経費の削減はもちろん重要だが売上増大のほうにより大きな関心を振り向けて工夫をする。それが集落営農ではいちばん大事なことである。

限界利益、固定費と変動費、損益分岐点

さてここで、経費の節減の仕組みを経営原理的に考えていくことにしよう。

経費の内訳は固定費と変動費からなっている。固定費は売上に関係なくかかる経費であり、変動費というのは売上を増やせばほぼそれに比例して増える経費である。前者は設備・機械の償却費や人件費など、後者は原材料費や肥料、農薬代、出荷経費など。

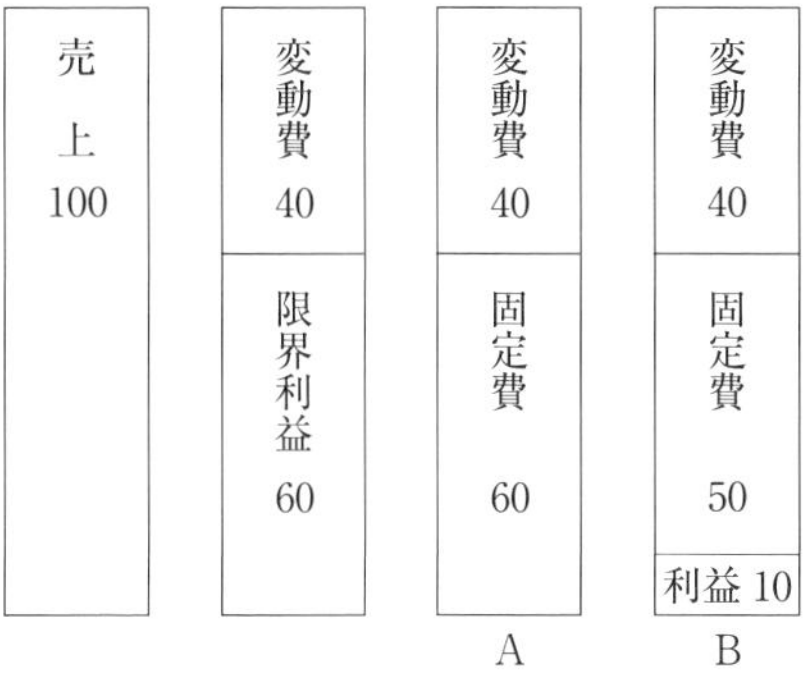

図２－５　限界利益

ここで「限界利益」という概念をおぼえておこう。限界利益とは売上高から変動費を差し引いたものをいい、図示すると図2-5のようになる（商品別の売価や原価は減価償却費なども含まれる固定費より把握しやすく、商品別の単位当たり限界利益を調べることは採算性の判断に利用しやすいのでこのような概念が使われる）。

図のAでは固定費が限界利益と同額の60円となっており、

これでは利益が出ていない。Ｂでは限界利益60円のうち固定費が50円で10円の利益が出せている。要するに売上から変動費を引いた額でどれだけ固定費を回収できるのか、カバーできる力があるのかをみるのが「限界利益」という概念である。言い換えれば限界利益とは、固定費がその額以上になってはいけない（＝利益が出ない＝赤字になる）「限界」を示している指標だ、ということになる。そして全販売商品のもたらす限界利益の総額が総固定費に等しいときの売上高が「損益分岐点売上高」（損益がちょうど0になる売上高のこと）という。

この損益分岐点売上高は固定費を限界利益率で除して出すことができる。

すなわち、損益分岐点売上高＝固定費÷限界利益率

限界利益率は売上高に占める限界利益の割合だから

限界利益率＝限界利益÷売上＝（売上－変動費）÷売上＝売上÷売上－変動費÷売上

＝１－変動費÷売上　（以上、図2-6の分数式参照）

たとえば図2-5のＡの例では固定費が60、限界利益率が１－40÷１００＝0.6（＝60％）だから損益分岐点売上高は60÷0.6＝１００となる。

同じ図のＢでは限界利益率は同じ60％だが、固定費が50と低くなっているので損益分岐点売上高は50÷0.6＝83・3と低くなり、これより売上が上がると利益が出始めることを示している。

利益発生の仕組みを、売上高・変動費・固定費・限界利益・利益の全体の構成からまとめたのが図2-7である。

$$\text{損益分岐点売上高} = \frac{\text{固定費}}{\text{限界利益率}}$$

$$\text{限界利益率} = \frac{\text{限界利益}}{\text{売上}} = \frac{\text{売上} - \text{変動費}}{\text{売上}}$$

$$= \frac{\text{売上}}{\text{売上}} - \frac{\text{変動費}}{\text{売上}} = 1 - \frac{\text{変動費}}{\text{売上}}$$

〔図２－５のＢの例での損益分岐点売上高は〕

$$\text{限界利益率} = 1 - \frac{40}{100} = \frac{60}{100} = 60\%$$

$$\text{損益分岐点売上高} = \frac{\text{固定費}}{\text{限界利益率}} = \frac{50}{0.6} = 83.3$$

図２－６　損益分岐点売上高の出し方

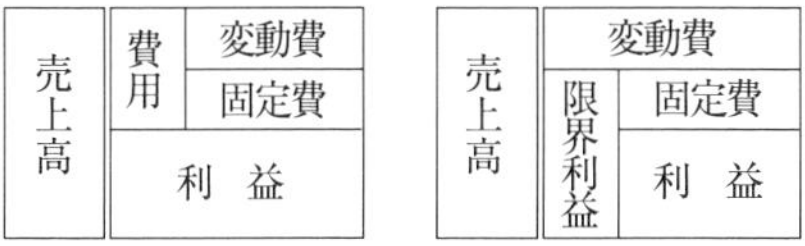

説明① 利益＝売上高－費用
説明② 費用＝変動費＋固定費
説明③ 限界利益＝売上高－変動費
説明④ 限界利益＝固定費＋利益
説明⑤ 利益＝限界利益－固定費

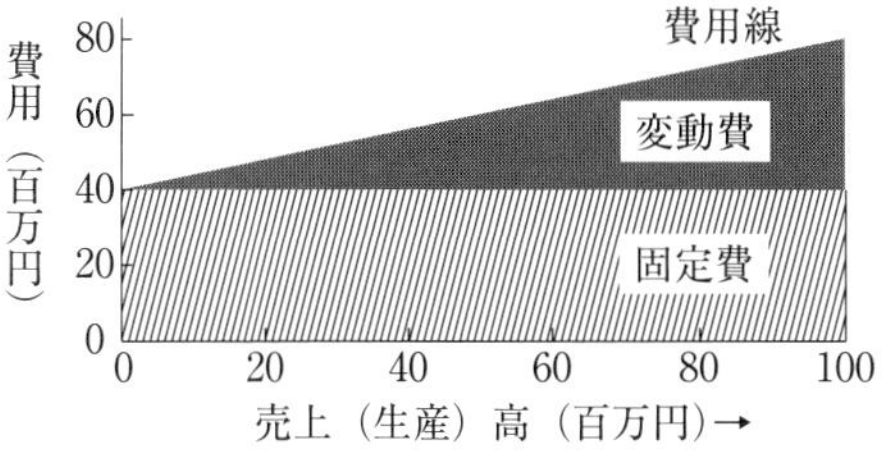

（説明）費用＝固定費＋変動費

固定費は生産・販売量（額）に関係なく一定額発生する。
変動費は精算・販売量に比例して発生する。

図２－７　売上高と利益発生の仕組み

さらに図2−8で説明すると、売上高＝総費用となるところ、これをちょうど損益分岐点という。そのときの売上金額を損益分岐点売上高という。その点より右側が、売上から変動費を引いた限界利益が固定費を上回っており利益が出始めているわけだ。

損益分岐点を応用して目標売上高を計算する

$$◎損益分岐点売上高＝\frac{固定費}{限界利益率}$$

$$◎目標売上高＝\frac{固定費＋目標利益}{限界利益率}$$

$$なお限界利益率＝1－\frac{変動費}{売上高}$$

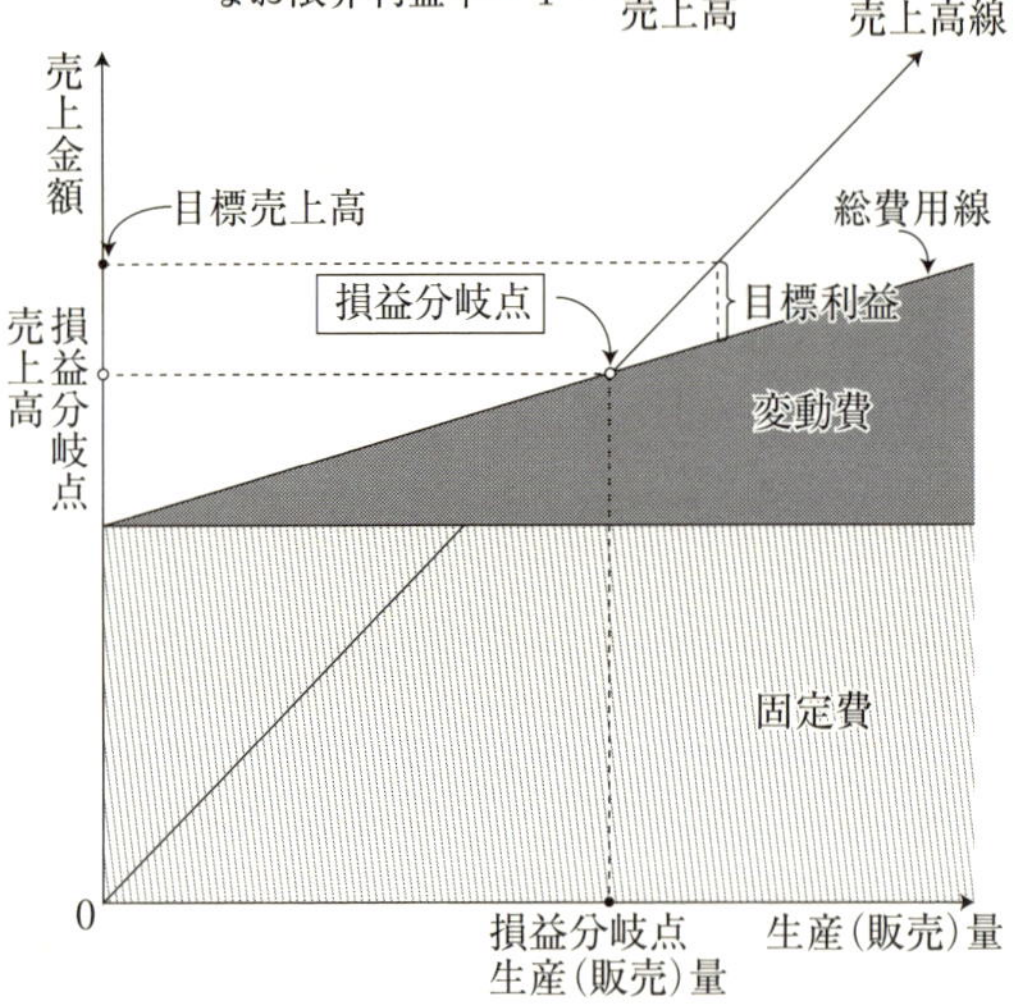

図2−8　損益分岐点売上高の説明

要するに経営体にとって利益が出るか出ないかは、限界利益で固定費を賄うことができるか否かで決まる。だから、利益を出すための方法は、①製品・サービスの限界利益率を高めるか、②固定費を小さく身軽にするか、の2つである。

変動費は大口仕入れなどで肥料・農薬の単価を下げてもらうようにすれば下げられる。しかし変動費は経済社会の影響を受けやすくそう簡単に下げられないという面もある。それに対して固定費のほうは経営の才覚で下げられる面が結構ある。限界利益のなかの固定費が下がれば、どんどん利益が上がることになる。

　固定費の削減には絶対的に削減する方法と、相対的に削減する方法とがある。

固定費の削減①絶対的削減——中古の購入、補助金の受給、固定費の変動費化

　新品の機械を買わずに中古を買って手入れしながら15年とか20年とか使っていくと固定費である機械コストは安くすませられる。一方、補助金をもらって機械を買う場合も、半分に圧縮して記帳すれば（「圧縮記帳」という）毎年の減価償却費が下がるので機械コストは減る。これらは固定費の絶対的削減となる。

　また、固定費の変動費化という方法がある。

　たとえば自分で生産しないで外注加工、委託する。宮城県栗原市の法人、川口グリーンセンターでは当初、米・麦・大豆しかやっていなかったけれど、その後、もち加工を始めた。まずは、もち米を自分のところで生産する。そこでは、すでにもっている飯米用と同じ機械が使える。そのもち米を自分のところでもち加工するとなれば、蒸したり、ついたりする機械を入れなくてはならない。そうなれば、固定費が発生する。この法人では、千葉のもち加工業者に原料用のもち米を売っていたので、その業者に委託してもち加工をしてもらうことにした。それを買い戻して、自分のブランドで売っていく。このような外注（委託）生産する場合の製造コスト、すなわち委託費は変動費である。

　そして、もちにある程度の固定客がついて、たとえば年に５００万円売れてフル稼働できる段階に

なったら内製化、すなわち自分のところで製造する。そのための設備投資をして、機械をそろえて施設を整備し、フル操業でもち加工をしていく。つまりある程度の売上高が達成されるまでは外部委託、達成見通しが立ったころから内製化して設備をフル稼働状態にして損益分岐点を下げ、利益を確保している。しかも加工は冬場の農閑期に安定した現金収入になる。それで人も機械も回転がよくなるという相乗効果もある。そういう理由があって、最初のうちは委託加工をしようと考えたのだ（内製化すると固定費になる）。

集落営農法人を立ち上げ、すぐライスセンターを建てたがるところがあるが、多くの場合、大変な苦労をしている。最初の期間は稼働率が低く、固定費が非常に多くなるからだ。たとえ補助金で半分に圧縮しても、赤字の垂れ流しになる。補助事業に制度資金がセットされている場合、元金均等償還などと設計されて、最初の稼働率が悪いときに元金償還が多く、たちまち資金繰りが悪化することがあるので要注意だ。

そうならないように地域の中に農協が管理しているか遊休化しているライスセンターがあればそれをリースするか、近隣の既存の施設に委託してやっていくのが合理的である。

農業機械のリースやレンタル制度の活用

現在、固定費の削減を考えるときに有利な方法のひとつに農業機械のリース制度がある。JA全農や民間リース会社を使った担い手経営体に対する経営支援手段として事例が増えている。これにより初期投資を抑えることができる。たとえばＪＡ三井リース（農協系統の協同リースと三井物産系の三井リース事業が統合）の例をあげると、リースに補助金が基本的に半分出る制度を使って（取得原価は割高になるけれど補助金で埋めることによって）自らが融資で導入するよりは計算してみると有利になるだろうと、現場の普及のほうでは勧めている。

ただし、もともと導入コストは高くなる。間に入るいろいろな企業や団体、たとえばリース会社などが、さまざまな経費などを全部のせて、それが最初の計算の根拠になる。それを耐用年数で割って、リース料を決めていく。自分で値切って買ったよりは、あるいは融資で値切って買ったよりは取得原価が高くつく。ただし半分は補助金が出ているとすれば、それでも有利になる。

会計制度が変わって、リース期間終了後、所有権が利用者に移るのであれば、最初から帳簿に固定資産として計上して、リース料をいわば償却費と同じように扱える。それできちんと費用を回収しなさいという新しい会計制度が導入されて、もう動き出している。これをリース会計という。この場合のリース料は固定費となる。

今、最もすすんだやり方は宮崎県経済連が集落営農法人に対して適用している農業機械のレンタル制度だ。レンタルでは、実際に１日使用料いくらでコンバインや田植え機を利用してもらう。経済連が、あるいは全農県本部が、もし補助事業を利用できるなら、それで農業機械を取得し、その機械を組合員である集落営農法人に契約を結んでレンタルする。この場合のレンタル料は変動費である。

この仕組みを可能にするには、農業機械がほんとうに地域の中でフル稼働して、貸すほうも借りるほうも損にならないようにしなければいけない。そのためには、標高が高いところの集落営農法人と標高が低いところの集落営農法人のように作業時期の違う法人を組み合わせて、期日をずらして農業機械をレンタルする。あるいは農機ステーションをつくって効率よく使っていければ、地域の中で1台の機械の稼動時間・利用時間が長くなり、1日当たりのレンタル料は下げられる。

第1章で紹介したマシーネンリング（農業機械銀行）の日本版が実現したのである。レンタルは機械の固定費の変動費化ができる。これはいいと今期待をしていて、全国に奨励したいと思っている。

固定費の削減②——相対的な固定費削減は稼働率向上で

固定費削減のもうひとつの方法は稼働率を向上させて固定費を削減する方法だ。稼働率を上げるには、作業受託で稼ぐことだ。要するに自分のところの機械を使って集落営農ができないところからどんどん作業を請け負うわけだ。

補助金によって得た自分たちのトラクターや田植え機、コンバインの稼働率が上がって、結果として相対的に固定費が下げられる。作業受託料金という収入が増えるので、固定費自体は同じ額であったとしても、受託で稼げば稼ぐほど利用率が上がり、相対的に利益率は向上する。これは固定費の相対的な削減ということになる。

一般的に、集落との関係では、集落営農法人をつくって最初のうちは作業受託のほうが多いのが一般的で、それをだんだん減らして利用権設定でという順序になる。しかし利用権を設定すると、ここでの生産物はすべて法人のものになり、価格下落や売れ残りのリスクは法人が背負うことになる。そして小作料という費用（固定費）を地権者に払うことになる。もし、予定した価格で完売できないと負担が重くなる。作業受託でやれば、どんどん受託料金がもらえるので資金繰りもいい。そういう点で、私は作業受託のほうが利用権設定より経営としては有利だと思う。

岩手県に表彰も受けた有名な法人がある。よく知られたモデル法人で、そこの組合長がこんなことを言っている。

「最初のうちは非常に経営が楽だった。集落営農をやったら、１００haくらいの面積でやっているんで、こんなにも劇的に収益性がよくなるものか」と。

「だんだんと組合員の高齢化がすすみ農作業がやれなくなり、利用権設定がどんどんすすんでいったんですが、そうすると、今度は集落営農の決算状態が悪くなっていくんですよ。小作料は払わなきゃいけない。つくった農産物は売って資金を回収しなきゃいけない。それで資金繰りが非常に悪くなる。そういうことが実感としてわかるんですね」と言う。

（2）資材、原料など変動費の削減と外部連携

大口仕入れ　豊後大野市の集落法人連絡協議会

大口仕入れで変動費を削減する例では大分県の豊後大野市の集落法人連絡協議会の動きがある。２００８（平成20）年、秋播き麦の資材が上がるという情報が出ていたので、27法人が集まって協議し、

ＪＡ全農県本部に対して大口仕入れによる値引きを実現させたのである。

連絡協議会は、「今までは各法人が個別に資材の仕入れをしていたが、これからは27法人分をまとめて１枚の伝票で発注し、しかも事前予約ということにするので有利な条件で資材を買わせてほしい」と伝えた。また、配達もこれまでは個別の法人の資材倉庫まで届けてもらっていて、配達料が事実上経費に入っていた。そこで、「農協の倉庫まで一括して配達してくれれば、そこまで自分たちが取りに行く。配達は自分たちがやる」ということで、「その分も値引きしてくれ」という要求も出した。協議会とＪＡの双方にメリットがあるということで実現している。こういうかたちで大口かつ事前予約購入などもやっていけば、資材が値上がりしたときに、上がる前の値段で買うこともできる。

県産の原料供給で食品加工企業との連携

広島県などは、県内の食品加工企業に対して中国産の原料から広島産の原料に切り替えてくれないかという提案の仲介をしている。もちろん食品加工企業のほうも、それをやりたい。「中国産」と書いてあると、だいたい敬遠されてしまうことが多いからだ。「国産」なら消費者から高い評価を受ける。

加工業者は「定時、定量で一定の規格のものが供給してもらえないからやむを得ず中国産に依存している。国産でそういう供給体制を保証してくれるならば乗ります」と言う。

個々の法人ではできないものを広島県内１７５の集落法人が連携して、原料の規格や毎月の供給計画をつくり、契約をしてリレー生産すれば、ある程度は供給を保証することはできる。ということで勉強会を積み重ねるなどしていくつか中国産原料から広島県内産原料への切り替えに成功している。これは経費の削減の話ではないが、原料についてはこういう売込みができるのも集落営農やその連携による利点である。

企業経営者を招いた研修により人材確保・育成の展開

次も外部との連携の話だが、集落営農法人の経営者が今いちばん必要としているのはまさにマネジメント能力、つまり企業経営者としての資質を高めることだ。広島では企業の経営者のなかからいろいろな人を講師に招いて、それを学んでいる。

集落営農法人の経営者は地域をまとめる、人をまとめることについては非常に苦労をして、そのノウハウをもっている。また、農業生産の技術に関してもそれなりのものを蓄積している。しかし、組織運営とかマーケティングとかマネジメントとか、ビジネス・アドミニストレーション（経営管理）といった企業経営については非常に弱い。

そこで広島県内の食品企業の社長たちを講師として招いて、勉強をしていくことになった。銀行とのつき合いをどうするか、人はどうやって雇い、また雇った人をどうやって意欲をもって働いてもらえるか、人事管理、労務管理、あるいは社会保険関係、さらには特許管理、賠償責任、企業の社会的責任など、内容はさまざまだ。法人経営者であれば当然に身につけていなければならないことで、実は欠けているところを学んでいく。

こういう場に参加してくる法人は、劇的に進化していく。最初は60代、70代のリーダーが来ていても、横文字が飛び交うような世界になると、「もうこれは俺らの出番じゃないな。次から専務に行ってもらおう」となる。こうして若いリーダーを行かせるように変わっていく。「私たちはもう後方支援しよう。前向きな戦略は若い人たちにやってもらわなきゃいけない。今はそういう時代だな」と、おのずと世代交代もスムーズにいくようになる。そして、顔ぶれが40代、50代に代わり出している。こういう世代交代の効果もある。

人をどうやって育てるかということがおそらくいちばんの課題になってくる。もう個々の法人で雇うのではなく、協同出資して人を雇い育てていくためのインキュベーターの会社をつくろうと、そんな発展をしていくのではないか。だから地域にたくさんの法人ができると、「次」があるということだ。そのことによって経営も安定し、進化することになろうかと思う。

さらには、法人間で連携して、統一ブランドや連携マーケティングなども始めていこうという話にもなっていく。

(3) 内部留保を優先し経営体の足腰を強くする

組織の持続には内部留保が最優先

集落営農法人の目的は「元気な農業」と「活力ある地域社会」の両方を実現させることにある。農業なくして農村地域社会は成り立たないし、逆に活力ある地域社会に支えられてこそ農業も持続できる。両者はメダルの裏表なのである。

集落営農が法人化され、地域を元気に支え、地域社会を維持していくという究極の使命を果たすためには、この組織自体がとにかく経営として持続・進化し続けなければならない。何年後かに「経営が行き詰まりました。解散します。預かったものはすべてお返しします」と言われたらみな困ってしまう。個別営農はもうやれないから組織をつくったのだから、これでは地域崩壊に直結する。絶対に後戻りしない決意と努力と工夫が欠かせない。

まず経営に必要な資金をしっかり内部留保していくことが不可欠だ。内部に貯め、その残りを地域に還元する、ということを最初から組織を構成する全員とよく申し合わせをし、納得してもらわないといけない。

減価償却費と交付金・経営補助金の積立て

「費用」に計上した減価償却費、そして国からのいろいろな交付金を原資とする「経営基盤強化準備金繰入金」を経営内部に毎年積み立てていく。さらに、こうした積立てをしたうえで、損益計算書の最後に残った当期利益も必ず経営内部に積立てする。当期利益はみんなに分けてしまわない。こういうルールさえ守っていれば、法人としての健全な持続が可能となる。

次に大きなポイントになるのは、補助金を得て設備投資した場合の扱いだ。集落営農をすすめれば、さまざまな機械設備に基本的には50%の補助金が出る。さらに上乗せして補助金を出そうなどという県もある。

当初、補助金相当額を圧縮（減額）して、帳簿に固定資産として計上していれば、その固定資産は簿価を計算どおりしっかり満額償却しても、次に更新するときに必要な資金の半分しか積み立てられていないことになる。

つまり、2分の1に圧縮された固定資産について規定どおりに減価償却費を計算し、満額積立てしても、耐用年数の経過後には更新に必要な金額の2分の1しか積立てできていないことになる。したがって残りの2分の1は当期利益の中から積立てしないと自己資金で機械の更新ができないわけである。

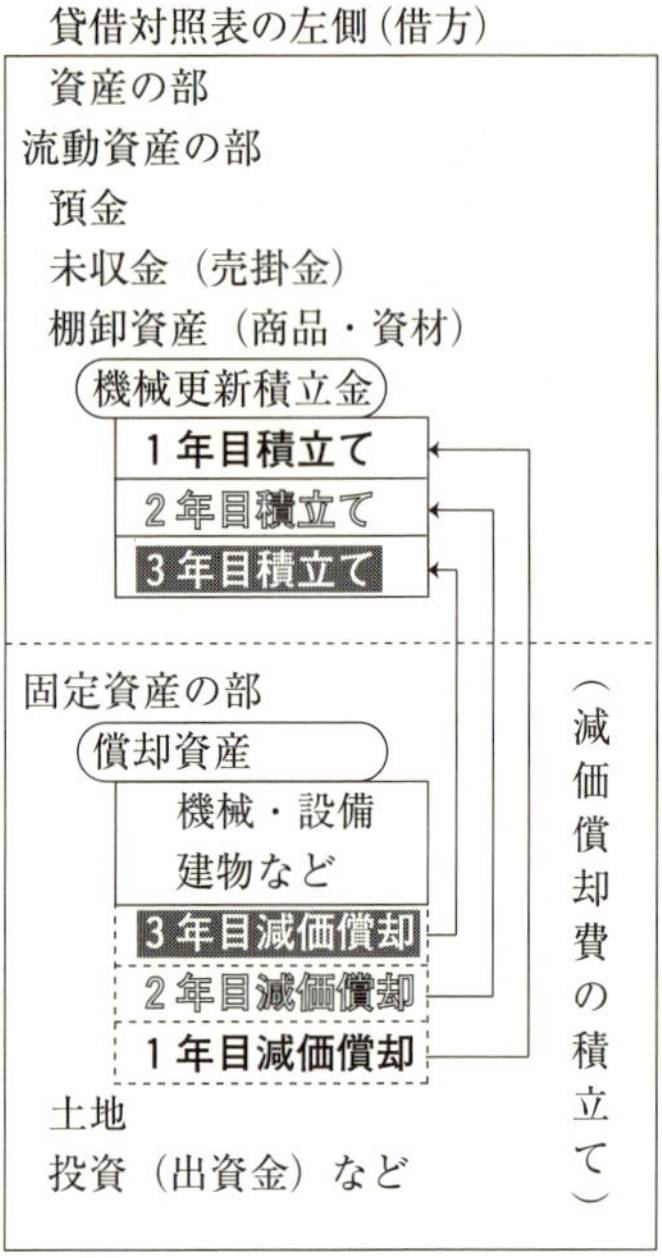

図2－9　減価償却費の積立てによる運転資金の内部保留

結局、補助金をもらうということは、そうやって固定資産を圧縮することになる。だからその耐用年数の期間中は、のちのちまでずっと減価償却費という経費がその分だけ少なくなる。本来は自己資金１００％で取得したものをそのまま簿価にのせた場合に比べると、圧縮（減額）して半分にして計上すると、ずっとその間の経費が軽減されるわけだ。経費が減れば、その分、利益が多くなる。だからとても得だという。こうして機械や設備投資の導入をいわば誘導するための政策手段として補助金を出していると理解されている。

しかし、経営的にみるとそうではない。経費が圧縮されたことによって出た利益は、きちんと内部留保として積み立てないといけない。そうしないと次の更新のときに資金不足となるからだ。

認定農業者に対して、割増償却という制度がある。一定以上の規模拡大をすると、計算上の定額償却、定率償却に対してたとえば20％などという割増償却が認められる。これは税制上の優遇処置になる。これも結局は早く投下資金を回収する効果がある。あるいはその分、経費を多く回収して、多く計上して、その分の課税対象利益を圧縮する。当然、課税利益が少なくなって税金が軽減されることにもなる。読み方はどちらからでもいいのだが、とにかく最終的に早く資金を回収するという効果が働く。だから、当期利益は絶対に内部保留すべし、ということになる。

そのためには、当期利益を原則として積み立てることをあらかじめ法人の定款に規程として入れておくことが望ましい（第1章63ページの事例参照）。

従事分量配当方式の長所と短所

従事分量配当方式とは、農事組合法人が組合の事業に従事した組合員に労務費を支払わない状態で損益決算書を確定し、その結果発生した剰余金を「剰余金処分」の手続きによって、組合の事業への従事の程度に応じて組合員に分配する方式である（農事組合法人が組合員に分配した従事分量配当額は、前年度決算の「損金」に算入される）。

もちろん、農事組合法人は「確定給与方式」、つまり一般法人と同じような給与制を選択して、組合の事業に従事した組合員に確定給を支給することができる。

島根県ではほとんどの農事組合法人が従事分量配当方式をとっているのが特色で、広島県の場合は逆に8割の農事組合法人が確定給与方式で支払っている。

従事分量配当方式をとると、理屈どおりの運営をすれば、1年間事業をやって決算総会で剰余金処分案が承認されてからでないと、組合員は給与がもらえないことになる。これでは組合員は困るし、今どき誰にもオペレーターを頼めないことになる。そこで「従事分量配当の仮払い」という方法をとって、毎月固定払いをしているのが通例になっている。

さて、従事分量配当と確定給との両方式の違いはどこにあるのか？　それは、総会で承認を求める「剰余金」の中身がまったく異なるのである。

確定給与方式の場合、剰余金はまさに1年間の事業の成果としての「利益」であり、組合員にはすでに給与は支払い済みであるから、前述したように「定款の定めに従って、これを全額積立金として内部留保する」のは問題なく承認されるであろう。

これに対して従事分量配当方式の場合の剰余金は「組合員に支払うべき給与＋利益」であり、組合員はできるだけ多くの給与をもらいたいという考え方が働くので、どうしても「積立金として内部留保される金額が少なくなる傾向」があり、前述した「利益は満額積み立て、法人の財務の健全化」という方針に照らせば、お勧めできない方式である。

なぜ従事分量配当方式を選択するのかといえば、組合員に給与を高く払いすぎると赤字決算になり、存続を危くする恐れがあるので、決算が終わって剰余金が確定したらその範囲内で払うようにという〝農事組合法人の経営者能力に疑問を抱いていた行政当局の指導ないしは老婆心〟が原点にある。昭和40年代の農業構造改善事業の補助金の受け皿として設立された当時の農事組合法人は、ごく限られた範囲の共同利用事業を営んでいるのが通例だったから、組合員も給与は後払いでもがまんできたのだ。

その意味では従事分量配当方式は昔のやり方で、最近では確定給与方式のほうが一般的だと思われる。先述した、歴史の古い島根県の集落営農法人が従事分量配当方式で、新しくスタートした広島県の集落法人が確定給与方式という違いは説明できそうだ。

だいたい、法人から受け取る給与が経営実績に応じて毎年増減、変動するようでは、組合員の生活設計は成り立たない。そこで、従事分量配当方式の農事組合法人のほとんどが「仮払い」という方式で、実際上は確定給与制に移行しているのではあるまいか。そうであるならば「内部留保重視派」の筆者は、できるだけ早く従事分量配当方式を卒業せよ！　と呼びかけたい。

筆者が確定給与制を支持するもうひとつの理由は、「従事分量方式は若い世代を農事組合法人の専従職員として育てるうえで邪魔になる」という点にある。従事分量配当方式の農事組合法人では仮に組合員の後継者が専従オペレーターとして雇用された場合、その身分は「あくまでも被使用人」であって組合員ではない。つまり、議決権をもって組合の運営に参加できないのである。組合員に対する分配方式は同一でなければならないから、一部の組合員にだけ確定給払いするのは税法上認められない。

ついでにいえば、組合員の妻や子どもが組合で働いても、その労働対価は「組合員である夫（父）名義の従事分量配当に合算されて」支払われる。もちろん、内訳として説明は添付されるかもしれないが、従事した個人全員に確定給として支払われる方式と比較して、いったいどちらが張り合いを感じられるだろうか。

ところが、消費税の問題から、「農事組合法人は従事分量配当方式を選択した方ほうが従事分量配当としての労賃が課税仕入扱いになるので控除できる消費税が増えて得だ」という指導が一部の税理士によって行なわれ、それに従って、定款を変更する農事組合法人が出始めていることを知り、大いに疑問を感じている。

筆者の考えでは、「消費税は、もともと販売先の消費者が負担する分を本来の販売価格に上乗せして預かったもので、そこから法人が資材購入等仕入れの際に負担した消費税分を控除してその差額を税務署に支払うものだ。所得税と異なり、法人が自分の経費として持ち出すものではなく、損得計算とは分離すべき」ことではないか。消費税の計算上の損得を理由にして、確定給制を従事分量制に変更するのは大いに問題があるのではないか。

農協からの出資

筆者は機会あるごとに、農協に集落法人への出資を勧めている。農協と集落との連携・信頼を強化し、集落法人の経営を直接・間接両面から支援する姿勢を示す象徴にもなる。いろいろな農協がこれに賛同してくれている。

たとえば、広島県の三次《みよし》農協では、地元の出資額の30％および５００万円を限度として農協も集落営農法人に出資をしている。これで運転資金の応援をしているわけだ。また島根県の出雲農協でも20％または２５０万円まで集落法人に出資している

その場合、出資は10％から25％ぐらいというのが出しやすい。もし、50％以上になると、集落営農法人は農協の連結対象子会社ということになってしまう。もし集落法人が、赤字決算になったとすれば、農協は引当金も積まなければならない。それでは農協の経営そのものを圧迫する。それに農協が過半数の出資をするとなれば、集落営農法人の議決権を押えてしまう。そんな問題もある。だから農協には、10％とか25％とか出しやすいところで出資をしてもらうのがよさそうだ。

分配金のなかから増資の積立て

十分な資本金（出資金）の確保のためには継続して増資をすることも必要だ。これも経営安定のた

めの有力な手段のひとつになる。法人設立時に、なるべくたくさんの方に構成員になってもらおう、あるいはなるべくたくさんの方の同意を得ようとする。そのため、1戸当たりの出資額を抑えようという気持ちがどうしても働く。それで、出資金が非常に少ない法人がみられる。これでは組織としての自己資金が少なくなる。そこで、自己資金が十分でないときはその還元したなかから積立金不足分を毎年追加出資（増資）してもらうことが大切である。

集落営農法人の構成員には毎年地代・労賃・委託料などさまざまなお金が還元される。広島県の集落営農法人の例では、基本的には法人の総収益の50%近くが還元されている。そのなかから一部を増資積立というかたちで増資に回してもらう。まるっきり新しくお金を出すとすると、みなさん、なかなか出しづらいが、たとえば「今年度の分配のなかから、10万円を出資にあてていただきたい」などと言えば、無理が少ない。増資分を差し引いて残りを支払うかたちにすれば、出しやすいはずだ。あるいは中山間地域等直接支払制度の交付金などが地元に毎年、交付されているとすれば、それらを財源として出資をしてもらう。今はそうしたことがやりやすい環境にあるのでぜひ実行していただきたい。

設立後は地代より出役労賃に重点分配

集落営農では、地代配当は少しずつでも減額し、出役労賃や委託管理費などの分配を厚くするのが望ましい。

ここでは、分配金の中身を考えていこう。集落営農法人では、ふつうは地代にいくら分配するのかということがまず表に出てくる。いわゆる個別担い手農家でいえば小作料に相当する話だ。もちろん法人の設立時には農地に利用権設定してもらうことは、法人の経営の安定にも貢献する。そんなわけで、なるべく利用権設定をしてもらえるように、また、できるだけ早く集落営農への参加を促すためにも、ある程度の額の地代配当にして、それをインセンティブ（誘因）にしようとする。

これはある程度やむえを得ない。しかし、いったん設立した後は地代配当での分配は徐々に下げていき、出役労賃や草刈り、水管理などで実際に集落法人の仕事に従事した人に極力分配をしていくのが望ましい。もとの地権者など地元の組合員に作業を委託するときの委託料や管理料のかたちで、実際の労働に対しての分配を手厚くする。法人の目的に照らして、こういう新しいルールをつくっていくことがふさわしい。

広島県の実績をみると、法人設立後、年数が経過するとともに、分配金に占める労賃の割合がだんだんと高まり、地代の水準は相対的に下がる傾向がみられる。法人組織がある程度成熟していくと、経営者がそれを意識してきて、組合員への労賃の単価を上げている。組合員からすると法人からどれだけ分配されているかという総額がいちばん関心の的で、その内訳が地代なのか労賃なのかはどちらでもいいのかもしれないが、基本は労働に対する出役配当に重点をおいていきたい。

ただし、そうは言っても分配金は、高齢でもう働き手ではない方たちの定住を保障しようという目的もある。出役労賃の配当は家族数が多い、若い世代がいる家に比べて、ひとり暮らしのお年寄りの家などではどうしても少なくなる。労賃にウエイトをおくとこうしたお年寄りにたくさんの分配はできない。そうすると、地代もある程度は保障しないといけない。

そんなジレンマはあるが、徐々に低下している地代の動向に合わせて、地代配当は少しずつ減らしていき、それに代わって出役労賃や委託管理費の分配を厚くする。要するに労働の分配のほうにウエイトをかけていく。それが将来の方向としては望ましいのではないだろうか。

労賃への重点移動のタイミング

地代部分を減額していって、徐々に出役労賃のほうにシフトしたいという法人はあちこちにあるが、なかなか反対が多くて切り替えられず、代表者だけが悩んでいるところが少なくない。切り替えていくタイミングというものがあるようだ。

いろいろな園芸作物や加工直売などを取り入れていくと、たくさんの人手を必要とする。そこで１軒の中から何人かの女性やお年寄りたちにも出てもらうようになる。そうすると最終的には、家族の中に変化が出てくる。今までは家長だけが法人組織の構成員になっていて、土地の所有者は家長であって、いくらの地代配当を受け取れるかに強い関心をもつ。だから地代を下げることに反対する。１軒の中で女性たちが時給８００円とか１０００円とかをもらって加工や花や直売で働くようになると、要するに法人から家として、世帯全体としていくら分配を受け取っているかが家族の中ではいちばんの注目点になっていく。それはトレードオフ（二者択一の関係）になる。

もし法人が、地代を目一杯、たとえば10ａ当たり2万５０００円を出せば、なかなか労賃単価は上げられない。そうなれば数のうえからは、労賃をもらっている人のほうが多いから、なんとかしろという声が強くなる。法人が家長だけが構成員で、作目は米・麦・大豆だけ、それで家長への地代配当だけでやっている状態から、だんだんと園芸作物や加工をやり始めてきて、たくさんの人たちが働くようになってくるとおのずと労賃を上げるという方向が出てくる。こうして法人が進化し、より経営体らしくなっていくわけである。

（4）集落営農の経営分析

経営実績を全県的に把握する仕組み

集落営農法人が安定的に発展・進化することを通じて地域住民の暮らしを支える役割を果たすためには、府県の指導機関や農業団体等が集落営農法人の経営実態を継続的に把握し、その経営実績をふまえて適切な助言や支援ができる仕組みを構築することが急務となっている。

これまで、多くの府県では集落営農の新規設立のほうに全精力を傾注してきたこともあり、設立後の経営実績の把握とそれにもとづいた経営指導については必ずしも十分な態勢にはなっていないのが実情である。

設立を指導した農業改良普及所等が総会資料等を入手してファイルに綴じてはいても、あくまでも

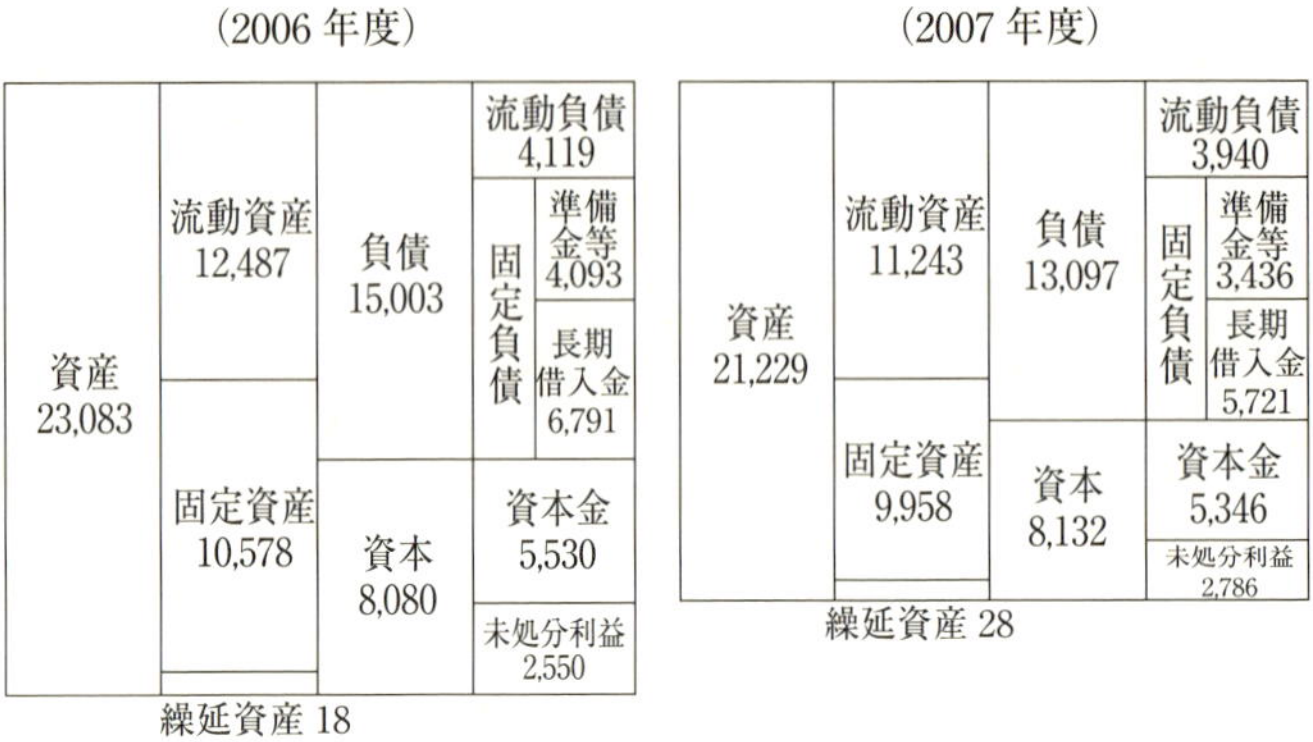

落法人の貸借対照表（集計した法人の平均値、単位：千円）

個別実績を担当部署や担当者が個別に管理するという段階にとどまっている。

県内のすべての集落営農法人の決算報告書を体系的に収集し、これを統一された分析視点と手法を用いて経営分析し、全県的に、あるいは出先機関である地域振興局（改良普及所）ごとに整理して、適切に指導・助言できる態勢を早急に確立する必要がある。

筆者の知る範囲では、県内のすべての集落営農法人の決算報告書をなんらかの方法で統一的に集めて分析する態勢ができているのは、広島・島根・山口・大分などの諸県である。

やはり、１００を超える集落営農法人が設立されているか、これに近い数の法人を抱えている諸県ではその必要性が高まって、おのずと態勢が整備されていくことになるのかもしれない。これ以外の諸県でも行なわれている例があればご教示願いたい。

（2005年度）

資産 20,734	流動資産 10,811	負債 12,200	流動負債 4,100
			固定負債 8,100
	固定資産 9,923	資本 8,534	資本金 5,624
			未処分利益 2,910

図２−10　広島県の集

広島県における集落法人の経営分析

広島県では、県内の全集落営農法人が加入する広島県集落法人連絡協議会が組織されており、その申し合わせに従って各法人は毎年地域の協議会事務局（農業技術指導所、一部農協単位に組織されている地区もある）へ提出している。これを県全体として、また地域単位で集計分析し、その結果は協議会の活動を通じて共有されている。法人の経営者層がそれぞれの組織の長所や課題を自らの問題として掌握し、経営改善に努力するための判断材料として、また指導機関の職員が助言する際の具体的ツールとして活用され、成果を上げている。

２００５年度からの３年分について、集計結果を貸借対照表と損益計算書にまとめて紹介しておくことにしよう（図２−10、11および表２−２）。いずれも、集計対象になった法人の平均値で示した。また集計対象にした法人の概要と集計の際の注記を表２−１と２に示した。

広島県では、「集落還元額」および「集落農業所得」という独自の概念を提示して、集落法人と集落との特別の関係をアピールしているのは注目される。

すなわち、「集落還元額」とは、集落法人が経費として集落構成員に支払った労務費・支払地代・作業委託費・役員報酬の合計であり、「集落法人にとっては経費の支出であるが、集落の構成員の立

12,914千円。営業利益は、▲3,866千円となっていますが、公的給付金に代表さ
経常利益となっています。経常利益で黒字を計上している法人は、89法人中61

示す集落農業所得額（経常利益＋損金中の集落還元額）は13,669千円となって

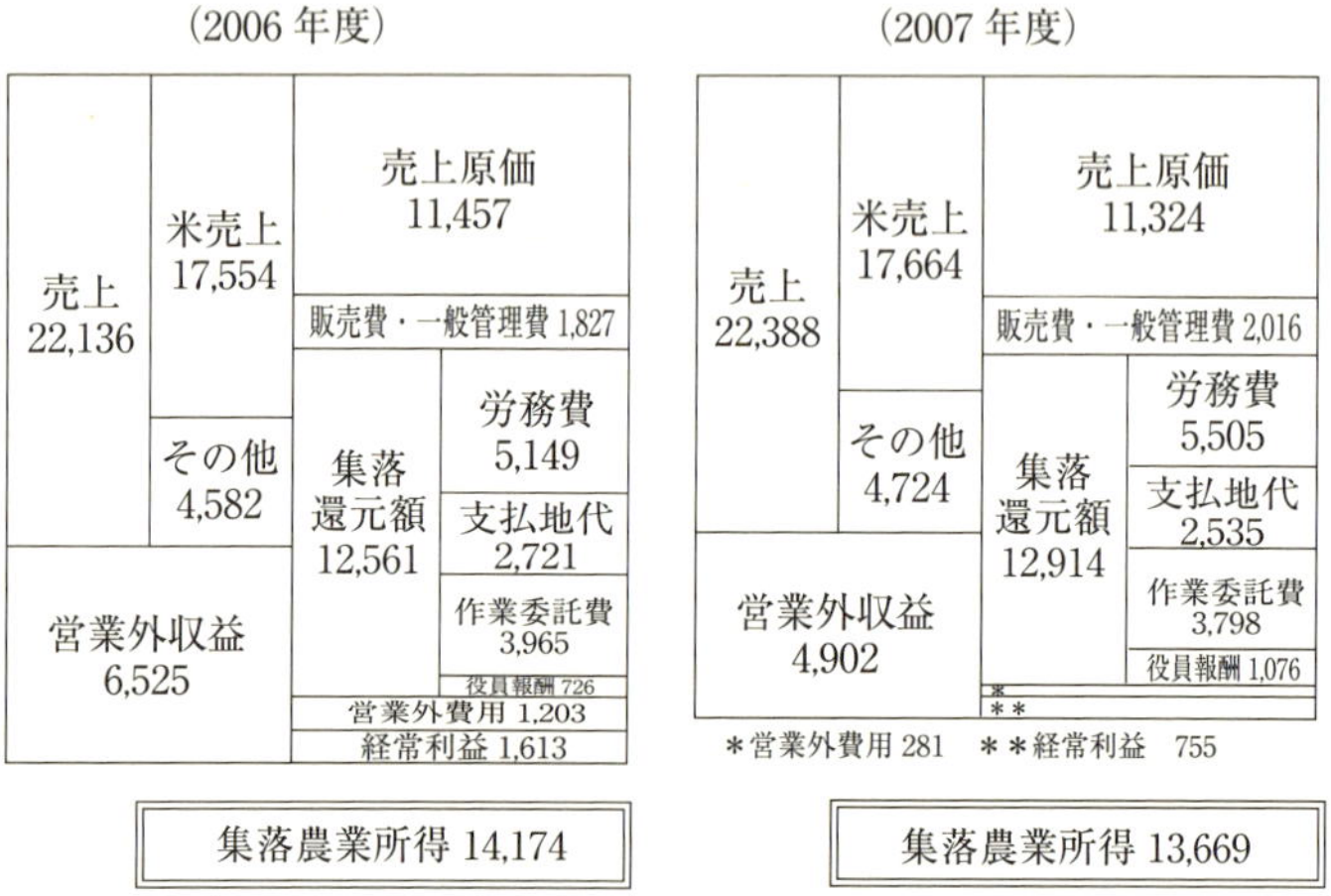

集落法人の損益計算書（集計した法人の平均値、単位：千円）

いない。機械、設備のうち補助金を受けたものは1/2に圧縮後の簿価である。

場から見ると所得になる」という集落法人の特質をよく表現する概念である。

また集落還元額に集落法人の経常利益を加えたものが「集落農業所得」であり、集落を1農場として経営した成果として集落住民が稼得した農業所得と考えられる。ここで注目されるのは、法人の経常利益を集落の所得だととらえていることである。「集落法人は集落住民の共有財産である」という考え方が打ち出されているのであろう。

なお、集計対象の法人が毎年新しく増加しているので、厳密には時系列比較できないが、おおよその傾向をつかむことは可能である。

2007年度における集落への還元額は、
れる営業外収益で補填され、755千円の
法人（61%）となっています。
また、集落法人の営業活動の効果額を
おり、所得率は50.1%となっています。

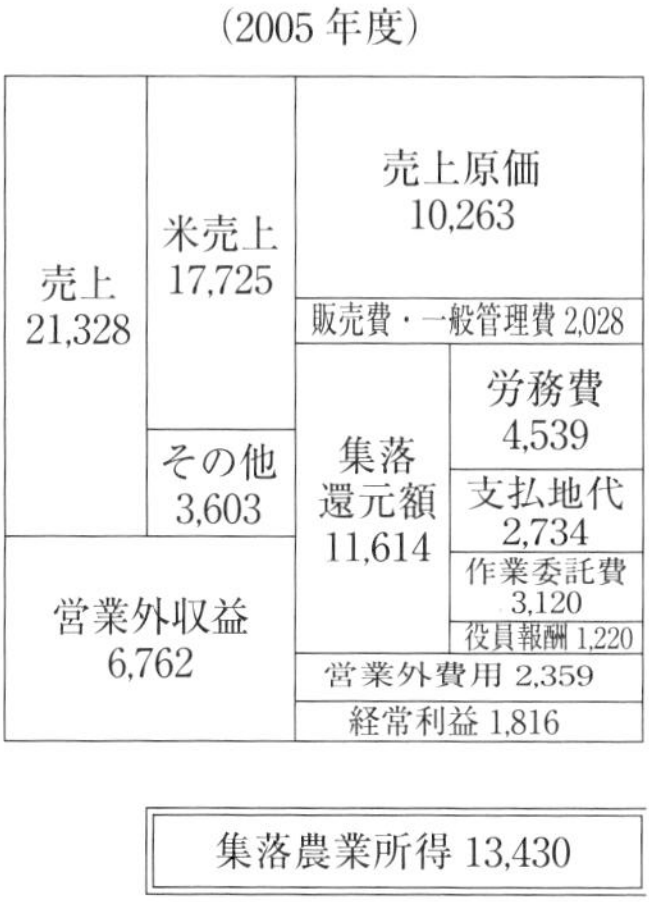

図2－11　広島県の

注：農地は借地なので資産に計上されて

そのことを念頭においたうえで、2003年度から08年度までの6年間について、損益計算書を時系列に整理して、売上と費用の内容を構成比で示したのが表2－2である。

売上のうち米の割合が8割程度を占め、経営の多角化はあまりすすんでいないことがわかる。費用の内訳としては、支払地代は着実にその割合を低下させており、労務費、作業委託費、役員報酬など労働の対価としての支出割合が増えていることも読みとれよう。

毎年新設法人が増加し、設立間もない法人が多いこともあるが、平均値でみると、営業利益は赤字である。これに、交付金・助成金等の営業外収益を加えて、経常利益では黒字を確保している。もっとも、図2－11の説明にあるように07年度で、4割近くの法人が経常損失になっていることも事実である。

表2－2の最下欄に表示したように、売上に営業外収益を加えた法人の総収益のうち、集落農業所得の割合（集落農業所得率）はほぼ50%である。

表2－1　広島県の集落法人の状況

(1) 集計対象の集落法人の状況

区　分	法人数	備　考
全集落法人数	123法人	2008年3月31日現在
2007年度に営農を行った法人数	97法人	123法人のうち26法人は07年設立法人
集計した集落法人数	89法人	集計率92%（89/97）
法人形態		
うち有限会社数	3法人	
うち農事組合法人数	86法人	
農事組合法人のうち従事分量配当を選択している法人数	22法人	

(2) 集落法人の経営規模等

区　分	平均値	備　考
経営面積	28.0ha	最大 82ha
うち利用権設定面積	25.8ha	最大 82ha
うち作業受託面積	2.2ha	最大 22ha
構成員数	40 人	最大 172 人

(3) 2005、2006 年度集計対象の集落法人

区　分	2005 年度	2006 年度
全集落法人数	74 法人	97 法人
当該年度に営農を行なった法人数	66 法人	74 法人
集計した集落法人数	65 法人	67 法人

（集計・分析に当たって）

各集落法人の財務諸表をもとに、集計・分析を行なっていますが、法人間で勘定科目の仕訳等に差があるため、次のような調整を行なっています。

- ・従事分量配当を労賃とみなして、生産原価へ組換え。
- ・農用地利用集積準備金等は、負債へ組換え。など

表２－２　広島県における集落法人の損益計算書（調査法人平均）

年　度	2003	2004	2005	2006	2007	2008
収益　売上高（千円）	19,782	17,930	19,800	22,136	22,388	25,005
うち　米販売（%）	84.2	82.8	88.5	79.3	78.9	79.2
その他販売（%）	15.8	17.2	11.5	20.7	21.1	20.8
費用　合計（千円）	23,418	23,190	19,853	25,845	26,254	27,930
うち　材料・製造費（%）	39.7	52.6	45.1	44.3	43.1	46.1
労務費（%）	16.2	18.1	15.6	19.9	21.0	19.0
作業委託費（%）	11.5	9.7	14.0	15.3	14.5	14.8
役員報酬（%）	8.1	1.4	2.9	2.8	4.1	4.3
支払地代（%）	16.3	12.7	14.0	10.5	9.7	8.5
一般管理費（%）	8.0	5.5	8.4	7.1	7.7	7.3
営業利益（千円）	-3,636	-5,260	-53	-3,709	-3,866	-2,925
経常利益（千円）	895	5,039	3,742	1,613	755	3,071
集落農業所得（千円）	13,130	14,754	12,977	14,174	13,669	16,096
集落農業所得（%）	52.3	50.6	48.3	49.5	50.1	51.5

資料：広島県、広島県集落法人連絡協議会
注：１．「その他販売」の中には作業受託収益も含まれる。
　　２．集落農業所得は、「労務費＋作業委託費＋役員報酬＋支払地代＋経常利益である。
　　３．2005年度については速報値のため図2-11と一致しない。

島根県の集落営農法人の経営分析

島根県では、農業技術研究センター（旧農業試験場）の経営担当研究員が、毎年、県内の集落営農法人へ調査票を送り、回答の際に決算報告書の添付を依頼するかたちをとっている。連絡窓口として農業改良普及センターが協力している。集計分析結果は研究センターの報告書で公表されている。

山口県の集落営農法人の経営分析

２００９年３月、県内の集落営農法人の設立が相次ぎ、法人数が70を超えたことから県内各地域の集落営農法人の代表10名によって山口県集落営農法人等連携協議会が結成された。協議会では経営戦略会議を設置して、各法人の運営状況や

①事業計画の作成と実績との進捗管理
作成した事業計画と月別の実績と比較し、理事会等で報告・検討できます。
②資金繰り表の作成と実績管理
資金繰り表を作成するとともに実績管理ができ、資金ショートを未然に防ぎます。
③過年度の決算データの比較（５年間可能）
過去５年分の決算残高をもとに過去からの推移を把握できます。
④決算データに基づく経営分析
決算データをもとに集落営農法人の特徴を加味した分析を行ない、問題点を把握できます。
⑤作物別収支実績表の作成
栽培作物ごとの収支を計算し、当法人の作物ごとの集落還元額を計算します。
⑥作物別収支の県平均および経営指標との比較
栽培する作物の収支を、参加法人を基に算定した平均値および経営指標とを比較し、自身の立ち位置を把握できます。
⑦ソリマチ農業簿記からの決算データの移行
山口県標準勘定科目体系での会計処理を行なうことで、取り込みにより、経営分析を簡単に行なうことができます。

図２−12　経営分析システムの主な機能

課題をどのように把握するか、大手企業との農商工連携をどう推進するか等のテーマで地域ごとに検討した。その結果、２０１０年４月から県内の全88法人が参加した山口県集落法人連携協議会に拡大改組し、「会員法人は決算報告書を事務局に提出し、集落法人経営分析システムを活用し、分析結果をもとに課題の洗出し等を行ない、経営改善につなげていく」ことを規約の中で定めた。

　このような動きに対応するため山口県担い手育成総合支援協議会では、山口県農協中央会が事務局となって「山口県集落営農法人経営分析システム」を開発し、２０１０年４月から稼動させることになった。

このシステムの特徴は、山口県農林総合技術センターが研究蓄積してきた決算データにもとづく経営分析手法・経営指標等を活用して開発した「集落営農法人に特化した専用の経営分析システム」というところにある。おもな機能は図2－12のとおりである。

なお、筆者も検討の最終段階で意見や助言をするなど多少の協力をした。山口県内での活用結果をふまえて改善を加え、他県でも活用・共通化されることを期待している。

農地の買取り請求への対処

全国的にみると、集落営農法人のなかには長年農地を借りて経営をしている組合員農家から、家族の病気などまとまった一時金が必要になったとの理由で、農地を買ってくれないかと頼まれ、やむを得ず購入しているケースがみられる。

昭和一ケタや10年代生まれで高度成長期のころに頑張った人たちが高齢期を迎えてきた。その一部の人は、都会に出ている子どもたちに引き取られていく。そのとき資産を処分する。あるいはその前から生前贈与で次三男が都会にマンションを買えるようにする。あるいはまた、田んぼを切り売りして子どもたちの教育費にする。資産処分の時代が始まっているのだ。それが今まで貸していた農地の買取り請求となって現れてきているのである。

私は、「買ったらお金が寝てしまう。機械だったら減価償却費で回収できるけれど、農地を買ったらそのお金はもう二度と戻ってこない。だから農地は買うな」と言っている。といって、産廃業者に買われて地域の農地や水が汚れたり荒廃していくのも防がなければならない。

集落営農では預けるほうも自ら組合員になって身体が動くかぎりそこで働く。なるべくそこから離れないで生涯みんなとそこで暮らし続ける。こういう仕掛けができるのは集落営農法人なのだ。個別営農の人に農地を買わせるよりは、はるかに安定的だ。ただこれからは、右のような事情で高齢農家から農地の買取り請求は増加すると考えておかねばなるまい。

集落法人がやむを得ず農地を購入する場合には、絶対に借入金でまかなってはならない。必ず増資などで調達した自己資金で購入すること。そこで次に考えるのは、農地を法人が買わなくてもすむような仕掛けである。集落営農法人に農地を買わせだすと、今度は集落営農の資金繰りが悪くなり、経営が非常にきつくなってくる。

そこをぜひ国や自治体にも考えていただきたい。たとえば売り手と買い手の間に県公社が入って、県がいったん買い上げて、それを集落営農法人に現物出資をする。そんなことも考えてほしい。

集落営農法人は、現代日本の農村地域社会の維持・発展に欠かせない新しい社会的協同経営体

これまでみてきたように集落営農法人は、経営的には非常に効率がよく、低コストで経営ができる。個別には管理しきれなくなってきた地域資源を公益的に管理していく主体でもある。さらに地域に住んでいるさまざまなキャリアをもった人びとを組み合わせ、お年寄りから若い人まで、それらの総結集として質の高い労働力も確保できる。みんなが出資して、いわば「地域資本」を何千万円か積んで、

みんなが参加してその価値を高めていく。地域の、新しい社会的経営体だ。

しかも集落営農法人は、農業生産をやるだけの段階から新たな進化を遂げつつある。第3章でみるように、さまざまな社会貢献、地域を支える活動を事業に組み入れ、それを生かしている。行政や農協支所が撤退した部分を引き受けている例がある。交通弱者である高齢者の病院通いなどの外出支援サービスや農業公園の管理や受付もする。農協ガソリンスタンドの配達事業をする例もある。それらをすべて集落営農が次々と請け負って、そこで働く場ができている。これらが地域では冬場の収入源にもなっている。

もっと山奥の集落では、人手が足りなくて葬式も出せなくなってきている。そこで集落営農法人が葬祭事業なども手がけ、その手伝いもしている。そこには働き盛りの専従労働者がいるからだ。地域の人たちはみんな70、80歳。それだけにいろいろな事業をやることでビジネスチャンスも広がってきている。

経営管理の面では、家業としてやっている個別経営の担い手型法人の場合は、収支の少なくない部分が個人部門に流出する。個別経営の法人が収支とんとんの非常に綱渡り的な節税法人になっている。跡継ぎ問題などオーナーの家庭の事情がフルに経営に持ち込まれる。

それに対して集落営農法人では、組合役員が代わろうとオペレーターが代わろうと、次々と人が代わっても組織がずっと存続できる。かくして集落営農法人は現代日本の農村における新しい社会的協同経営体であり、地域社会の維持、発展に欠かせない存在となっているのである。

第3章

進化する集落営農と農協の役割

——事例にみる地域の再生・希望の拠りどころ——

1　進化する集落営農の大きな可能性

(1) 手づくり自治区と集落法人の「新2階建て方式」で地域を再生
―合併で消滅した村と農協の復活―

自治組織による「村の復活」

日本酒の醸造で有名な広島県の旧西条町を中心とする４つの町が合併して１９７４（昭和49）年に誕生した東広島市は、「平成の大合併」で周辺の５つの町を編入してさらに大きくなり、広島市内から移転してきた広島大学を核とした新しい街づくりが進行。今では人口18万人を擁する県内第４位の都市となった。

２００５（平成17）年に東広島市に合併編入した旧賀茂郡河内町、その北部に小田地区がある。世帯数２３３、人口６０５人、過疎化・高齢化に悩む中国山地の農山村で、65歳以上の高齢者の割合は42％に達している。

小田地区は、中世には「小田郷」として在地領主の小田氏が３００年支配したと伝えられる。広島藩の『芸藩通志』には幕末の文政８年の小田村の村高１１０５石余、家数２４９軒、人口１１０４人と記録されている。廃藩置県後は豊田郡小田村として自治活動をしてきたが、明治22年の「町村制」にあたり、隣接する和木村と統合して豊田村を創設し、その「大字小田」となった。ただし、豊田村の役場は小田地区におかれた。

農家の１戸平均の農地の所有面積は70ａと狭小で、その農地は標高２６５～３００ｍで、地区を東西に流れる小田川沿いに棚状に開かれている。１９８０年代に圃場整備は終わっているが、山際では傾斜が大きく一部未整備のままの部分も残されている。

大正時代、木炭や養蚕が盛んだったころには地区の世帯数が１５００を数えたこともあったが、山村の脆弱な経済基盤のもとで住民の暮らしは楽ではなかった。昭和恐慌期には、当時の国策に沿った「満州開拓分村移民」に参加し、多くの犠牲者を出した歴史もある。

昭和30年の町村合併の際には、豊田村は生活圏の違いから２つに分かれ、小田地区の大部分は南隣りの河内町へ合併したが、一部の住民は和木地区とともに大和町の創設合併に参加するという苦渋の選択を強いられた（なお、大和町は平成17年に三原市と合併。この経過は図3-2を参照のこと）。

このような歴史をもつだけに、再び河内町が東広島市へ編入されるという今回の合併問題の提起は小田地区の住民に大

図３－１　東広島市河内町

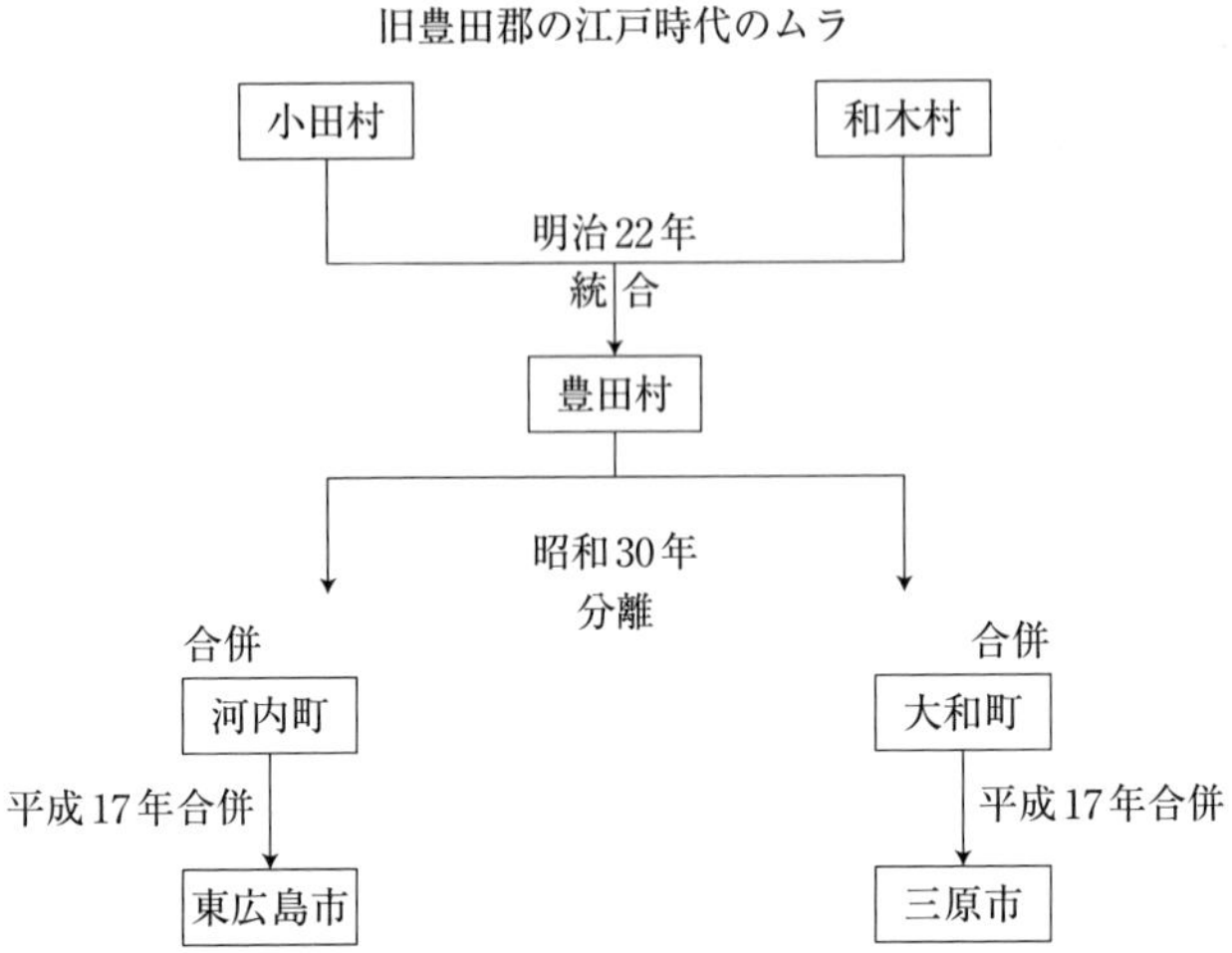

図3－2　小田地区の合併の経過

きな危機感を与えた。農協の広域合併に伴い農協支所はすでに廃止され、04年には明治6年創立の小田小学校が廃校となり、保育所・診療所も他地区へ統合される構想が浮上した。このまま東広島市へ吸収合併されたら、小田地区は人口18万人の大きな市の僻遠部となり、ますます行政サービスが切り捨てられ、安心して暮らしていけなくなるかもしれない。こんな危機感が住民たちの自治意識を目覚めさせ、「自分たちの手で地域をつくり、活性化しよう」という住民運動が盛り上った。02年暮のことである。

翌03年1月から9月までの間に33回もの会合が開かれ、アンケート、講演会・視察研修、役場・議会との意見交換を経て理解と支持をとりつけ、同年10月、地区の全世帯の参加による自治組織「共和の郷《さと》・おだ」が設立された。

「住民自らが共に力を合わせ、創意工夫により

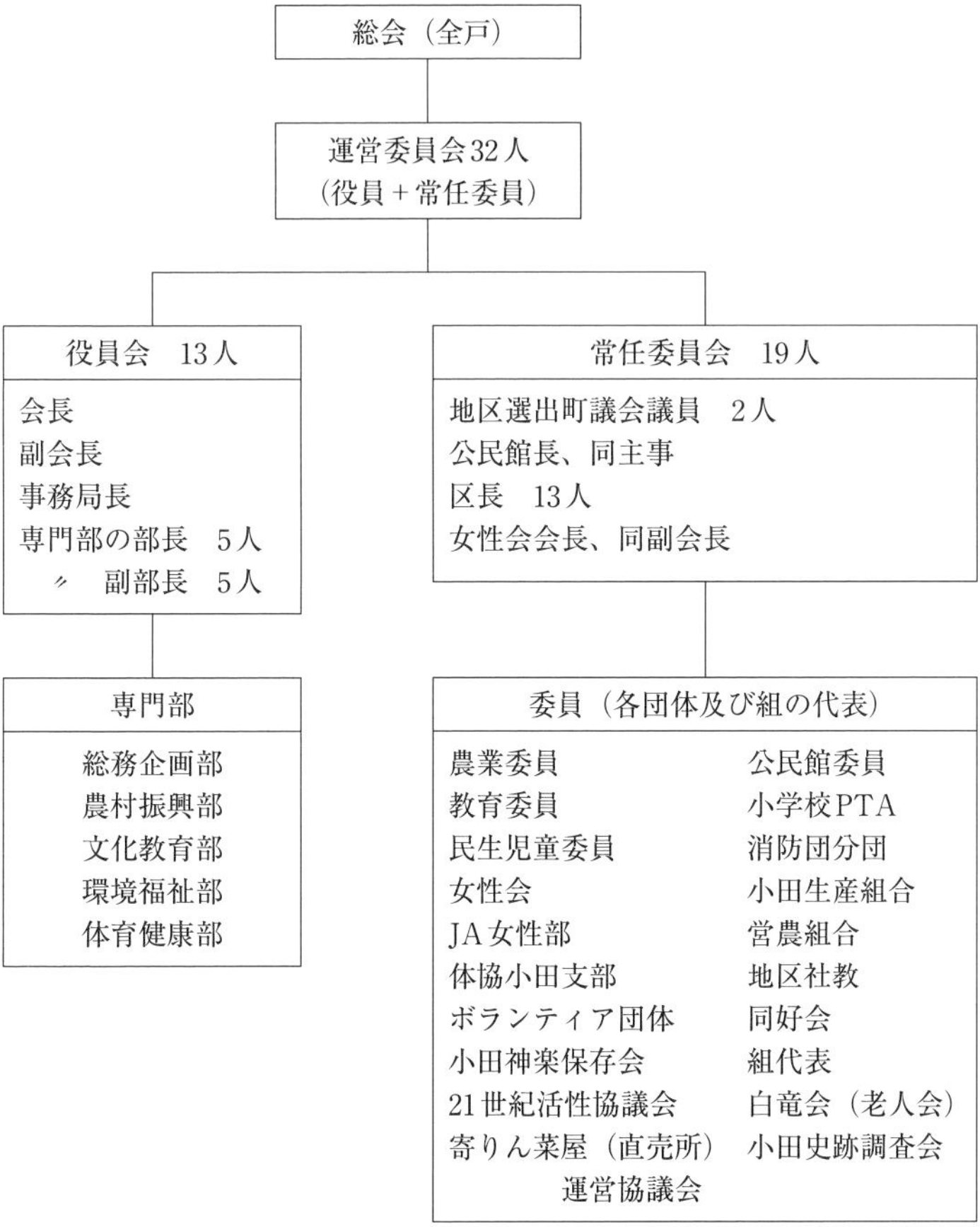
総会（全戸）
運営委員会32人
（役員＋常任委員）
役員会　13人
会長
副会長
事務局長
専門部の部長　5人
〃　副部長　5人
常任委員会　19人
地区選出町議会議員　2人
公民館長、同主事
区長　13人
女性会会長、同副会長
専門部
総務企画部
農村振興部
文化教育部
環境福祉部
体育健康部
委員（各団体及び組の代表）
農業委員
教育委員
民生児童委員
女性会
JA女性部
体協小田支部
ボランティア団体
小田神楽保存会
21世紀活性協議会
寄りん菜屋（直売所）
運営協議会
公民館委員
小学校PTA
消防団分団
小田生産組合
営農組合
地区社教
同好会
組代表
白竜会（老人会）
小田史跡調査会

図３－３　「共和の郷・おだ」組織図（設立時）

地域の活性化を図ると共に、誇りのもてる、住みよい、和やかな郷《さと》づくりをめざす」ことを目的に掲げている（規約第1条）。

そのための事業として、（1）地域の教育文化、産業経済等の推進と、郷《さと》づくりに関する事業。（2）その他、この組織の目的達成に必要な事項を列挙している（規約第4条）。

図3‐3にその組織図を示した。これは設立時のもので、その後の合併により、常任委員のうち町議会議員は削除され、公民館主事は公民館事務職員に変更されている。

「役員会」が執行部にあたり、5つの専門部は地区のそれぞれの分野の活動家を結集した「小田村役場」と考えられる。これに対して「常任委員会」は「小田村議会」の役割を担っていると位置づけられ、委員を送り出している地区内のさまざまな組織や団体の意向を受け止めて調整し、地区の課題や住民ニーズを具体化していく場と考えられる。

「共和の郷・おだ」は、以上のような組織の形式のみならず、その後の活動の実績から評価しても、まさに１２０年前の町村制施行の際に消滅した「小田村が自治組織として復活・再生した」（設立趣意書）といえるであろう。

地域住民の新しい「地域コミュニティ組織」が最近注目されるようになり、山口県ではこれを「手づくり自治区」という愛称で育成・普及を推進している。[1] このような旧村ないし小学校区単位の住民自治活動組織の先駆的事例として全国的に知られているのが、広島県安芸高田市川根地区の「川根振興協議会」（１９７２（昭和47）年発足）、山口県山口市仁保地区の「仁保地域開発協議会」（69（昭和44）年発足）、大分県宇佐市安心院町松本集落（01年）、鳥取県智頭町の「新田むらづくり運営委員会」（2000年）などである。

小田地区でも、同県内という親近感もあって「川根振興協議会」を視察研修し、モデルとして大きな影響を受けている。

筆者は、かつて松本集落の事例を分析紹介した際に、このような地域住民の自治活動組織を「NPO型地域活性化法人」として制度化するよう提案したことがある。[2]

活動状況

①広報誌「共和の郷・おだ」の毎月発行

総務企画部の担当で、地区住民のなかから7〜8人の編集委員を委嘱している。年齢・職業・性別も多彩なメンバーから成り、週末に公民館で打ち合わせたり、パソコンやプリンターを使いこなして、A3判の広報誌を製作し、毎月全戸配布している。

②廃校舎を公民館・診療所として整備

「地区の中心だった小学校がなくなるのは、とても耐えられない。別のかたちででも校舎を存続して活用できないか？」という住民の願いを背景に、合併を控えた町役場と交渉を重ね、老朽化して取り壊しになった診療所を旧校舎内に再開することができた。

同時に、旧役場にあった地区公民館もこの旧校舎を整備して移設した。

診療所は地区内唯一の医療施設で、「交通弱者」のお年寄りを中心に、週2日の診療日には平均

30人の利用がある。幸いにベテランの医師が確保され、住民の安心感を支えている。

地区の子どもたちにも小学校の思い出をもち続けてもらう工夫として、地区の小学生全員が公民館（旧校舎）に合宿し、そこから中心部の統合小学校へ通学する「通学合宿」を毎年2回継続している。また、夏休み中は、地区の子どもたちに旧小学校のプールを開放している。

③年間60回の会合やイベント

総会資料によると、小田地区内では年間約60回の「共和の郷・おだ」主催の行事が開催され、多数の住民が参加している。

会計報告によれば、1戸２５００円の年会費と、営農組合等からの寄付金、それにいくらかの雑収入を合わせて２００万円程度の収入で、その活動が賄われている。意外に少ないと思われるが、その秘密は住民の人件費が無償であることで説明できよう。地区の共益のために住民がボランティアで労力奉仕することによって、このような活発なコミュニティ活動が支えられている。

「共和の郷・おだ」のような住民自治組織が、それほど大きな会計規模をもたなくても多彩な地域振興活動を展開することができるためのもうひとつの工夫は、組織自体が事業運営の主体（経営者）にならないことである。つまり、提案をしたり、企画を立てたりする「ソフト」活動に徹し、事業計画が具体化していよいよ実行に移す段階になったら、あるものは行政にまかせ、あるものは提携している組織や団体に依頼し、また必要に応じて有志や受益者に事業組織を設立するよう促せばよいのだ。そうすれば、数千万円、場合によっては数億円もの資金を調達して固定資産を所有し、その経営責任を負担する必要はないのである。

集落営農法人による「農協の復活」

小田地区が自治組織「共和の郷・おだ」を立ち上げた時期、地区として解決を迫られている大きな課題をいくつか抱えていた。

すでに取り上げた小学校の廃校問題、建物の老朽化に伴い閉鎖・他地区への統合計画が提起されていた診療所の存続問題と並んで、地区の農地と農業をどう維持するかが大きな問題となっていた。

「共和の郷・おだ」の設立総会（２００３年10月）に諮られた議題の「専門部の活動方針（２）農業振興部」の部分には次のような方針が提示されている。

「農家の高齢化が進み、担い手の不足、遊休農地や耕作放棄地が増加し、併せて米価下落により農業所得が減少し、農業者個人での農業の維持が厳しい状況にある。このような課題を解決していくため、現状を十分認識し将来方向を設定するための実態調査を実施して、農地の集積等、低コストで効率的な集落営農システムを早急に確立し、地域の農業生産活動と集落機能の維持・活性化を図っていく（以下略）」。

ちょうどこの年、このうえない人材、集落営農設立のプロが小田に戻ってきた。吉弘昌昭氏である。広島県の農業改良普及員として農業振興に関する職務を歴任し、定年後は広島県農業会議の事務局次長として県の集落法人設立運動の中心になって活躍してきた経歴[3]をもつ。

「共和の郷・おだ」では農村振興部が主催して「これからの集落営農のあり方」を検討する運営委員会研修会を04（平成16）年6月に3回開催、次のようなテーマを立てて勉強会をもった。

1　祖先から預かってきた優良農地を荒らさない。
2　米づくりの生産コストを下げて、赤字の出ない営農システムをつくる
3　稲作を省力化してゆとりある環境をつくる
4　地域農産物を使った加工や販売を行ない、6次産業化を推進する
5　若者が農業に魅力を感じる営農

7〜8月に各組ごとに集落懇談会を予定し、「夫婦や若い人たちができるだけ多く参加してください」と広報誌で呼びかけている。

「集落懇談会の開催に先立って、小田地域の現況と皆様からの幅広い意見を聞くためアンケート調査を全戸対象に行ないますので協力してください。アンケート調査の記入にあたっては、家族内でよく話し合ってから記入をお願いします」。

アンケートの結果は衝撃的なものだった。42％の農家が5年後に、64％の農家が10年後には「農業ができない」または「やめたい」と思っていることが明らかになった。

ここから小田の農業の現状と将来が見えてくる。あと5年も働けない人が10人に4人、3人に1人は後継者がいない。農業に対する意欲では現状維持がやっと。できたら経営規模縮小か、やめたい。将来の展望は、農地の貸借をすすめ、大型農業機械の利用でコストを下げる農業の法人化を考える段

階にきている。小田の農業は高齢化し、今のままでは5年ももたない。早く何とかしてほしいという悲鳴が聞こえてきそうであった。

集落懇談会ではアンケート結果などをふまえ、集落法人設立をめぐる議論が交わされ、さまざまな声が出てきた。

当時、東広島市には（農）重兼農場[4]をはじめ7つの集落法人が活動していたので、8月には2つの先輩法人を視察研修し、集落懇談会で出された疑問を直接ぶつけて教えを乞うた。ひとつひとつの質問に、具体的で説得力のある回答が返ってくる。参加者からは「これで法人参加の決心がついた」「早く法人化してほしい」などの意見が多数出てきた。

10月には2回目の各組による懇談会を開き、検討を深めていく。

11月には、（農）重兼農場の本山博文組合長を講師に招いて研修会を開き、これが地区の人びとの背中を強く押す、決定的な効果をもった。翌年2月には集落法人の発起人20人を選任し、法人設立研修会や集落懇談会、県内の集落法人の視察、などを開催していく。9カ月後の法人設立までに50回の会合をもつことになる。最初から全戸参加型の法人にするため、法人設立後10年間は新規加入を認めないことにした。

一方、2000年度から始まった中山間地域等直接支払制度については、小田地区の12の組のうち5つがそれぞれ集落協定をつくって取り組んできた。第2期の開始を迎える05（平成17）年度からは、小田地区で協定を一本化しての取組みとしていくことが農村振興部から提起された。第2期対策にあげられている集落営農組織化・法人化、担い手の育成などの要件は、小田地区で検討をすすめていることに合致していることから、一本化は実現しやすいと判断された。

05年11月、（農）ファーム・おだが設立され、初代の代表理事組合長には吉弘昌昭氏が就任した（共和の郷・おだの副会長も兼任）。

組合員は地区農家の80％近い１２８戸、利用権設定面積は83haで、県内最大規模の集落法人となった。組合員の出資金は１戸当たり１万円＋10ａ当たり１万円とし合計９４９万円でスタートした。

理事15名、監事２名のうち、40代の１名以外は定年退職者で、県ＯＢ１名、町役場ＯＢ３名、農協ＯＢ３名と実務精通者が揃っている。登録オペレーター11名のうち50代が４名、60代が６名で、うち６名は理事との兼任。農業機械・一般機械・土木業など農機の扱いに慣れた人材も多い。このほかに、地区から補助作業員として40代、50代中心に、女性も含めて20名を超える農作業従事者が確保されている。

小田地区には個別認定農業者が１名いる。地区内では５ha程度だが、地区外を合わせると30ha近い大規模経営のＡさんである。話し合いを通じてＡさんは地区の取組みに賛同し、法人の設立発起人に加わり、法人のオペレーターを引き受けている。法人は、Ａさんのミニライスセンターへ作業委託しており、この提携関係は、双方に大きなメリットをもたらしている。

将来の経営展望が見通せたことから、Ａさんの後継者が就農し、地区にとっても明るい希望をもたらした。

法人の事務所は農協の支所跡の建物を利用し、地区内の遊休化施設（旧たばこ乾燥施設・機械格納庫など）を有効活用することにしたので、当初計画では約1億円の設備投資が予定されたのが6000万円で完成した。これは、自治組織「共和の郷・おだ」の地域づくり構想を基礎として、旧村（小学校区）全体をカバーする一農場として組織したことにより、合併によって消滅した旧農協の「後継組織」として、旧村内の共通資本を再活用する受け皿組織としての役割を期待されていることで可能になったものである。

まさに、旧村の農協が復活・再生したのである。

加工品開発・販売を目的として「ファーム・おだ加工グループ・ビーンズ（愛称、おだ・ビーンズ）」が法人の加工・販売部の下部組織として、法人設立の翌年、06年に結成された。女性10名が参加。集落法人設立時の発起人でもある女性2名が法人設立後も法人の営農・加工推進委員として経営に参画している。

07（平成19）年度は、法人会計のなかから商品開発費用として年間15万円があてられた。地域産物による旬のメニュー開発研究、加工研究会の開催、地区内にある交流促進施設「寄りん菜屋」（農産物直売所、食堂、菓子・もち製造施設がある）との連携販売、研修などを実施する。法人との共同活動として、転作の小粒黒豆、黒大豆、小粒青豆などへの付加価値づくりをする豆加工品、味噌づくり、それにだったんそばなど地域ならではの加工原料を確保し、加工し、試験販売もした。

この交流促進施設は旧河内町が建設し、00年（平成12）年に「寄りん菜屋」としてオープンした。

建築面積232㎡の木造平屋建ての農産物直売・交流施設で、野菜直売・特産品販売コーナー、食堂、交流促進室などからなり、運営は住民の組織「寄りん菜屋運営協議会」が担当してきた。ここには福山市の（株）なかやま牧場の牛肉もおかれている。耕畜連携で稲わらと交換でこの牧場から手に入る堆肥が地域の農地の土づくりに一役買っている。

　堆肥を散布する面積は、法人が経営する農地（水張り面積）の約95%にあたる64ha（水稲48ha、大豆16ha）で、投入する牛ふん堆肥の量は1344tという大規模なものだ。さらに、稲わらと堆肥の交換だけでなく、ファーム・おだの米をなかやま牧場が経営する福山市内のスーパーで販売し、なかやま牧場の牛肉をおだの寄りん菜屋で売るという連携が行なわれている点もユニークである。

　さらに、「平成の大合併」で東広島市へ一緒に編入されたほかの町の農産物も扱うことになり、06（平成18）年3月には加工室が増設された。もちやおはぎ、弁当、仕出し料理などがつくられ販売される。なお06年度から市の指定管理者制度の制定に伴い、管理と運営の業務をこれまでの運営団体が「こうち交流促進施設運営協議会」と名称変更して担当することになる。

　寄りん菜屋では「ふるさと味パック」を発売する。そこには「おだ・ビーンズ」による小田の農産物とその加工品を詰め合わせた梅干し、しば漬け、野ぶきの佃煮、もち、ぽん菓子、新大豆、小田米、手づくり味噌、干しカキ、手づくりこんにゃくが入っている。

　また、学校給食に地産地消を取り入れる東広島市の計画に対応して、野菜栽培に取り組む女性グループが結成された。

10月にはファーム・おだ、寄りん菜屋、共和の郷・おだ、の3団体が共催で、収穫祭りが開かれる。寄りん菜屋周辺を会場として、広島市内からの参加も含め２５０人が集まる。5月に交流で子どもたちが植えたイネやサツマイモ、トウモロコシを収穫する。11月には寄りん菜屋の広場で農産物品評会が開かれ、３００点近い出品がある。

06（平成18）年には広島県女性会議「ひろしま女性いきいき講座」の受講生6名が、ファーム・おだの魅力を知って、農業を支援しようと「農業マップ」を作成した。5月から10月にかけて6回の現地調査を基にまとめたものだ。

小田地区における、住民自治組織（手づくり自治区＝「共和の郷・おだ」）を1階部分とし、2階部分に集落営農法人を中核とする多彩な住民活動を据えた地域再生運動は、「2階建て方式の進化型」（すなわち「新2階建て方式」）と位置づけることができる。

すなわち、従来の2階建て方式論では、「農地の利用調整や地域資源の共同管理組織」を1階部分に位置づける、農業分野、農業関係者のなかでの問題設定として、やや狭く考えがちであった。しかし小田地区の事例では、農家・非農家の枠組みを越えた地域全体の視点でとらえ直すことによって、より大きな可能性を展望できることが実証されたのである。

市町村と農協の広域合併によって空洞化がすすむ地域の再生・活性化に、大きな希望を与えるものである。

（2）集落法人の3階建て連携

中山間地域の農業を支える集落営農

島根県鹿足郡《かのあしぐん》津和野町は、島根県の最西端の中山間部にあり、町の総面積の90%が山林で占められ、歴史と観光で知られる小さな城下町である。2005年旧津和野町と日原町が合併し、人口は約9500人。5年間で1000人というスピードで人口減少が続いている。

町の標高は40mから1260mまで起伏に富み、「日本一の清流」高津川と支流の津和野川、さらに多くの支流が形成する谷あいの小耕地に集落が点在している。

図3－4　島根県津和野町

津和野町の最近30年間の農業の変化を表3－1で概観してみよう。

総じていえることは、津和野町の農業がどんどん縮んでいるということであろう。農家数・農業労働力・経営耕地面積そして農業産出額のどの数値も減少している。農業労働力の65歳以上の割合が4分の3（73%）に達している。別の統計をみると、70歳以上が6割となっている。

表3－1　津和野町の農業の変化

項目＼年次		1975	1980	1985	1990	1995	2000	2005
総農家数		1,750	1,617	1,503	1,333	1,215	1,077	1,007
	販売農家				1,004	892	750	673
	自給的農家				329	323	327	334
農業就業者		2,348	2,071	1,889	1,702	1,536	(1,013)	(969)
	65歳以上	800	783	851	885	1,002	(717)	(710)
	その割合%	34.1	37.8	45.1	52.0	65.2	(70.8)	(73.3)
経営耕地面積		1,242	1,193	1,134	1,084	999	946	910
	田	929	890	858	817	763	731	709
	畑・樹園等	313	303	276	267	236	215	201
	1戸当り面積	0.71	0.74	0.75	0.81	0.82	0.88	0.90
農業産出額		151	127	136	128	118	101	97

注：1．旧津和野町・日原町の合計数値
　　2．単位；農家数＝戸、労働力＝人、面積＝ha、産出額＝千万円
　　3．農業就業者数の（　）の数値は販売農家のみの数値
　　4．津和野町役場作成資料から再構成した。

「自給的農家」の数だけが、15年間続けて330戸前後を維持しているのは、ぎりぎりの労働力でもなんとか農地を守り抜こうとする強い意志の現れであることを思わずにはいられない。

このように、縮小・解体の徴候が明らかになっている津和野の農業・農村を力強く支えているのが集落営農で、11の特定農業法人と10の営農組合（任意組合）が活動している。

1987年に、山口県と境を接する中山間地区の奥ヶ野集落で設立された（農）おくがの村[5]は、津和野町のみならず島根県全体の集落営農運動のパイオニアの役割を担っている。

津和野町の集落営農法人（いずれも農事組合法人）の設立状況は、表3-2のとおりである。

11の集落営農法人の組合員の合計数251というのは町内の全農家の25％にあたり、また経営面積の合計162haは町内の全水田面積の23％に相

表3−2　津和野町の集落営農法人の概要

法人名	法人設立年	出資金（千円）	組合員数	経営面積（a）		
				利用権	作業受託	計
（農）おくがの村	1987	4,200	17	595	1,517	2,112
（農）さんぶ市	1993	5,100	16	561	580	1,141
（農）ほたるの里つわの	1996	5,050	21	1,505	106	1,611
（農）しもたかの	2000	2,450	10	490	111	601
（農）しもぐみ	2000	5,100	13	1,760	0	1,760
（農）なよし	2001	1,980	15	463	566	1,029
（農）つつみだファーム	2002	5,800	59	996	280	1,276
（農）もとごう	2005	2,860	21	1,272	774	2,046
（農）なかその	2005	6,850	35	1,289	782	2,071
（農）喜時雨	2008	2,040	12	769		769
（農）ふきの	2008	2,658	32	1,822		1,822
合計		44,088	251	11,522	4,716	16,238

注：数値は2009年度のものである

当する。これだけをみても、集落営農が津和野町の農業・農村を支える役割の大きさを知ることは容易であろう。

法人間の連携活動の積み重ね

表3−2の各法人の経営面積をみてもわかるように、津和野のような中国山地の山村の集落の規模は一般的に小さい。集落営農法人が組織されたとしても、その程度の面積規模では経営的にはなかなか難しい。いちばん問題になるのが農業機械の過剰投資負担の問題である。

津和野のような地形条件のところでは、いくつかの集落にまたがった大きな法人を運営していくのは効率的ではないし、集落ごとに結束して集落の活力を高めていく方向がむしろ望ましい。そうであれば、複数の集落営農法人が連携して農業機械の共同投資や共同利用をするのがめざすべき方向であるという

区分		おくがの村	さんぶ市	ほたるの里つわの	しもたかの	しもぐみ	なよし	つつみだファーム	もとごう	なかその	備考
機械連携	水稲共同育苗	●		○	○						●所有 ○利用
	無人ヘリ防除	○	○	○	○	○	○	○	○	○	
	コンバイン			●	○						
	畔塗機	○			●				○		
栽培連携	ヘルシー元氣米	■		■	■	■	■	■			■取り組み
	きぬむすめ	■	■	■	■	■	■	■	■	■	
	菜種	■	■	■	■		■	■	■	■	
その他	労災特別加入	■	■	■	■	■	■				

図3－5　津和野町農事組合法人連絡協議会の連携活動の概要

注：1.「ヘルシー元氣米」は、西いわみ農協の特別栽培米ブランド
　　2.「きぬむすめ」は、島根県が開発した新しい奨励品種

のが、(農)おくがの村の糸賀盛人組合長はじめリーダーたちの考え方だった。ちょうど、無人ヘリ防除を導入する計画があり、ラジコンヘリコプターを補助金を利用して共同購入するのをきっかけに「津和野町農事組合法人連絡協議会」を設立したのが、1993年6月である。

その後、法人の数が増えるとともに連携が深まり、図3-5に示したように、機械の共同投資・共同利用から、販売戦略を考えた栽培連携や多分野の共同取組みへと活動範囲を着実に広げていった。

「3階建て法人」による連携活動の進化

定着してきた法人間連携活動をさらに本格化し、各法人の経営の安定に資するとともに、未組織地区での後続法人設立を促し、

地域全体を持続的に支えられる運動体制を築くため、連携組織の法人化に取り組むことになった。

2009年2月の農事組合法人連絡協議会の総会で承認を得て、準備会を設けて検討を重ね、次のようなかたちで連絡協議会を法人化することになり、同年12月15日設立総会を開催し、法人設立を決定した。

①組織の名称　わくわくつわの協同組合

中小企業等協同組合法にもとづく「事業協同組合」で、組合員は町内の11の農事組合法人（各10万円ずつ出資）

名称は町内の中学生から公募して決定

②事業計画

従来まで実施してきた無人ヘリによる水稲防除作業、組合員法人の農業機械の相互利用の際のキャリアカーによる運送サービス等に加えて、地域の共通作物となった菜種栽培の推進・搾油精製・BDF化事業などを中心に展開する。

なお、事業計画に掲げられている次のような取組みは注目される。

A　農業機械保守及び整備事業

本事業は、組合及び組合員が保有する農業用機械の保守、整備事業を直営で行うための研修を実施し、組合員の経費節減、円滑なる運営を図るために行う。

（1）講習会の開催

農業用機械の保守、整備に関する講習会を年1回開催する。

（2）専門的技術を持つ組合員の発掘

農業用機械の保守、整備に関する技術、知識を持つ組合員を発掘し、組合が所有する農業機械のメンテナンスに活用する。

B　農村保全及び活性化事業

本事業は、農村の課題解決のために、試験、研究を行い、農村の保全、活性化を図る事業を行う。

（1）耕作放棄地を解消するための事業の分析、活用

①組合員のナタネ単位収量増加のための実証試験結果の集計、分析報告
②組合員の飼料用稲収量増加のための実証試験結果の集計、分析報告
③組合員の転作作物（大豆、小麦）収量増加のための実証試験結果の集計、分析報告

（2）農村と都市の交流のための事業の開催

①菜の花まつりの開催
②田んぼの生きもの調査のほか、農村都市交流事業の企画、研究
③地域マネジメント活動の必要性調査と試行実施

C　教育、人材育成及び情報提供事業

本事業は、組合員等に対し経営管理及び生産技術の向上を図るため、次の講習会・講演会並びに

情報の提供事業を行う。なお、この事業の運営は、事業収入により行う。

（1）講習会・講演会の開催

①組合員が事業経営に関する講習会に専門家を招聘して年1回開催する。

②組合員が取組む実証試験の結果を周知するため、年1回発表会を開催する。

（2）人材育成

組合員の次世代の事業運営を担う人材を連携して育成するための協議を行う。

（3）情報の提供

組合員が保有する農業用機械の情報を一元化し、利用のためのネットワークを構築し、相互利用により、設備投資を抑制し、経費の節減を行う。

筆者がとくに期待するのが、総会資料にはまだ具体的に書かれていない、中期的な課題となっているが、Ｃの（2）の人材育成への取組みである。

集落営農法人が設立された成果として、ＩターンやＵターンなど20代、30代の人材が農村に定住して就農する受け皿になっている法人もあるが、それは限られた事例にとどまっている。小規模の法人などが、個々に努力してみても若い世代の人材を雇用・定住させて育成して、地域を活性化するには多くの課題がある。そこで、このように市町村段階の広域の「受け皿組織」が窓口となり、農学部・農業大学校の新卒者等を毎年計画的に採用して5～10年間安定雇用し、地区内の集落法人等へＯＪＴ

研修（実務研修）させ、そのなかから集落法人の専従オペレーターとして定着し、地域の次世代リーダーとして活躍できるよう育てていく機能の整備が急務なのである。

筆者は、かねてから島根県の関係者、益田市や津和野町の支援事務担当者、集落営農リーダーたちに、このような考え方を提案してきたのであるが、わくわくつわの協同組合で実現されることを強く期待したいし、さらに他地区でもそのような取組みが具体化することを願っている。

このような法人間連携活動は、集落を単位に「２階建て方式」で組織された「２階部分の法人」が、いくつか市町村等の広域で連携して共同出資して「３階部分の法人」を設立するかたちをとるので、「３階建て連携」方式と表現するとわかりやすいだろう。

島根県では、すでに２００６年８月に、旧仁多郡横田町（０５年に仁多町と合併して奥出雲町となる）において、６の集落営農法人がエコ米の連携生産・共同販売を事業内容とする「３階部分の法人」、有限責任事業組合（ＬＬＰ）横田特定農業法人ネットワークを設立して提携活動を展開している表３−３の事例がある。

表3－3　「有限責任事業組合・横田特定農業法人ネットワーク」の構成メンバー

法人の名称	農地面積	組合員数
農事組合法人　神話の郷日向側	21.09ha	21人
農事組合法人　中丁	26.41ha	30人
農事組合法人　山県	21.87ha	18人
農事組合法人　ひぐち	24.49ha	21人
農事組合法人　三森原	15.60ha	17人
農事組合法人　馬木の里たんぼ	15.54ha	19人
組織の規模	125.00ha	126人

中山間地の標高差を生かして、法人間の農業機械の共同利用等をめざすことも計画している。

（3）手を結ぶ集落法人と大規模担い手
―地域を支えるための共存共栄戦略―

集落法人と大型稲作農家の事実上の一体経営

広島県山県郡《やまがたぐん》北広島町大朝地区は、２００５年に、郡内の４町合併によって北広島町が誕生するまで大朝町であった。島根と境を接する大朝盆地で中世の大朝庄以来の歴史をもち、米が農業生産の中心を占めている。

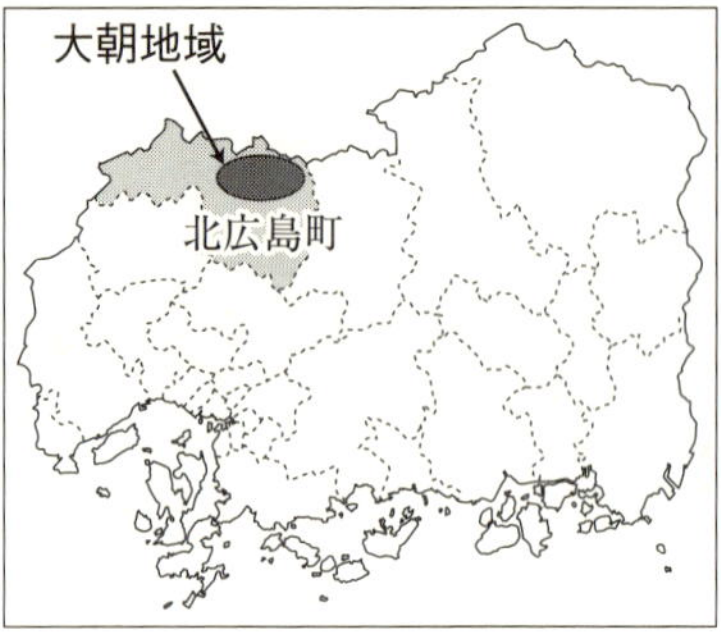

図３－６　北広島町大朝地域

水田面積は５８４haで、１区画10ａの圃場整備がほぼ完了している。「水稲単作」的な地域であることから、地域農業集団による共同利用や転作の共同作業が展開し、その過程でオペレーター役の大型稲作農家や集落営農組織への農地の集積がすすんでいる。「担い手」への集積率は、作業受託を含めて全水田面積の４割程度とみられる。

大朝地区の集落法人は00年に初めて設立され、現在までに６法人が設立されている（北広島町全体では27法人）。

大朝地区の特徴として、集落法人の設立の際に大型稲作農家がそれまで集積してきた農地の利用権を地主の了解を得て法人に移転し、積極的に法人の役員や基幹的オペレーターとして活動する傾向がみられる。6法人のうち3法人に大型稲作農家が参加している。

これらの大型稲作農家は、集落法人の地域外で利用権設定を受けて経営している農地についても稲作や転作の主要作業を法人に委託して「事実上の一体経営」を行なってきた。大型農家が集落法人に積極的に参加することは、法人にとっては経営管理者やオペレーターなど技術力をもった中核的労働力の確保、経営規模拡大による経営の効率化、大型農家にとっては巨額の農業機械投資など経営リスクの回避や安定収入の確保など、双方ともに大きなメリットがある。

米価の低落に対するコスト対策や販路開拓、経営多角化による周年収入の確保など新たな経営改善策を模索するなかで、これまで培ってきた集落法人間の連携や大型農家相互の担い手ネットワークをより強固で実効ある運営体制に発展させるべきだとの意見が盛り上ってきた。

株式会社　大朝農産の設立

県の農業改良普及員の支援・助言も受けながら協議を重ね、07年3月、6つの集落法人と5名の大型稲作農家が共同出資して、資本金950万円で次のような「地域営農システム法人」が設立された。出資者の概要は表3-4に掲げたとおりで、その経営面積（作業受託を含む）の合計216haというのは、大朝地区の全水田面積の約4割にも達する。

定款に掲げる事業目的は、①農業の経営、②農作業の受託、③食料品、生産資材の製造・販売、④

表３－４　（株）大朝農産　出資者の概要

区分	出資者の名称	経営面積	構成員数
集落法人	農事組合法人　平田農場	32.5ha	47人
	農事組合法人　いかだづ	21.2ha	36人
	農事組合法人　鳴滝農場	19.5ha	19人
	農事組合法人　小倉の里	19.1ha	31人
	農事組合法人　天狗の里	20.2ha	35人
	農事組合法人　宮の庄さくら農場	26.5ha	50人
大型稲作農家	A	20.5ha	
	B	12.4ha	
	C	16.0ha	
	D	19.4ha	
	E	8.8ha	
（経営面積合計）		216.1ha	

注：面積および員数は2007年3月の数値で、経営面積は利用権設定（借地）＋作業受託面積である

新規就農者等の研修、⑤前各号に付帯関連する一切の事業となっている。

将来的には経営統合してひとつの事業体として活動することを視野におく（後述A）が、当面は、生産物の販売、資材の共同購入の窓口を一本化することにより、有利販売と生産コストの低減を図ることを目的にしている。今後、「水田フル活用」施策などと連動して土地利用型野菜などを経営に組み込み、売上収入の増大に努め、**次世代の担い手となる人材育成**（後述B）を行なう計画を立てている。

米の販路開拓、有利販売面での成果として、大朝地区の特別栽培米がまとまった量で安定供給できること、販売窓口が法人化したことで社会的信用が強化されたことから、広島県内の米穀・業務用食品卸売会社との契約が成立し、08年度、約８０００万円の販売実績を上げることができた。

ここで紹介した大朝地区における取組みは、農業

経営分野における新機軸《イノベーション》として注目される試みである。すなわち、生産は従来の20ha程度の最も効率のよい経営単位で行ない、経営の企画管理・販売・資材調達などの規模の優位性を発揮できる部門は２００haの統合した単位で運営するネットワーク構築をめざしている。全国的にみると、集落営農法人のなかにも、圃場整備をきっかけにして旧村単位で２００ha規模の農場がいくつも設立されている〔たとえば福井県大野市の（農）アバンセ乾側《いぬいがわ》、福井市の（農）ファーネス河合、島根県安来市の（農）宇賀荘生産組合など〕が、中山間地では一挙に大規模農場をつくることは難しい。しかし、すでに紹介した津和野町、奥出雲町の横田地区の事例や大朝地区のようなネットワーク方式なら可能性が大きくなる。

さらに、大朝地区が注目されるのは、前述した事業目的のところで太字にしておいた（A）ように、将来の企業統合（合併）も視野に入れている点である。すなわち、６つの集落法人と５つの個人経営という「異種経営体」が共同出資して「一種の持株会社の農業版」をつくってゆるやかな合併を実現したということができるのである。

また、太字にした個所（B）で「次世代の人材育成」を事業目的として重視していることは、これまた「わくわくつわの協同組合」「横田特定農業法人ネットワーク」「（株）大朝農産」の３法人とも共通している。全国の集落営農が共有すべき問題意識、共通の課題であることを示唆しているといえよう。

注

（1）山口県は2006年に策定した「山口県中山間地域づくりビジョン」において、「統合前の小学校区や大字等の範囲で、地区内の各集落で構成し、営農組織や防災組織、農協、商工会、老人会、NPOなど様々な団体・機関とも連携しながら、広域的に地域を支えると共に、地域の課題を地域で解決するため、総合的に活動ができる新たな地域コミュニティ組織」を「手づくり自治区」と称し、県内各地域での自主的、主体的な取組みを促進している。

（2）楠本雅弘「元気な地域社会を支える『NPO型地域活性化法人』への期待と取組み」『自然と人間を結ぶ』05年2月号

（3）吉弘昌昭「多様な労働力が活きる集落法人化が急務」『自然と人間を結ぶ』07年8月号　などで、広島県での推進活動の経過やファーム・おだの紹介をしている。

（4）（農）重兼農場については、農文協発行の「集落営農推進ビデオ　21世紀型地域営農挑戦シリーズ第1集」の第3巻で紹介している。89年11月に設立された広島県の集落法人のリーダー的・モデル的農場。

（5）（農）おくがの村については、同じく21世紀型地域営農挑戦シリーズ第2集の第3巻で紹介している。組合長の糸賀盛人氏は島根県特定農業法人ネットワークの会長を務める集落営農運動のリーダーで、全国から訪れる視察者たちに自らの体験を語り、集落営農の大きな可能性を説いている。

2 「地域貢献型」集落営農の展開

―評価される地域社会の維持活性化機能―

(1) 島根県が推進する地域貢献型集落営農

第1章でも述べたように、島根県は全国に先駆けて1975年から集落営農の育成に取り組み、大きな成果をあげてきた。しかし、近年の予想を上回る農産物価格の下落や農村の高齢化の進行によって、新たな課題が顕在化してきた。そこで、これまで育成してきた県内の多様な集落営農組織の分析・評価を行なうとともに、島根県の農業・農村の維持・発展に寄与できる新たな集落営農のモデル像および育成方策を検討するため、庁内に研究会を組織した。

2007年5月に活動を開始した「次世代の集落営農の在り方研究会」(メンバーは本庁5人、農業技術センター2人、出先の普及員6人)は、アンケート調査・現地調査も含めて熱心に検討を重ね、翌08年3月に報告書をまとめた[1]。

そこでの問題意識は、「国の品目横断的経営安定対策への対応もあって、法人や団体の育成を加速的に推進するにあたり、『所得』『専従者』など経営面が重視され、**本来、集落営農が持っている農地をはじめとする地域資源を管理しながら、農村社会を維持・活性化していく、という視点が軽視され**

伝統文化である、田植後に塩さばを祭壇にたむけ、農作業の安全と豊作を祈願し祭りを行う「サンバイサン祭」を、E地区の固定した圃場で、地域内を中心に老若男女の多数の参加を呼びかけ、地域全体の祭りとして取組を行い、「サンバイサン祭」の意義を理解してもらい伝統文化の継承へとつなげていくものとする。

○主な経費（事業費807千円）

(1) 経済維持活動

- ・少量多品目野菜生産に係る資材費、実証経費
- ・直売所の先進地視察

(2) 生活維持活動

- ・集落維持のための草刈部隊、雪下部隊結成に向けた経費
- ・伝統文化継承に向けた活動経費（サンバイサン祭り）

図3－8　「地域貢献型集落営農確保・育成事業」の事例

新規設立支援

地域の農地維持機能を目的に、新たに地域貢献型集落営農を設立する地域や組織の支援を行う。（25組織／年を想定）

1　農地維持機能強化

（1）ソフト活動（計画作成、農地一筆マップ作成等）【補助率1/2以内】

（2）集落営農設立支援費【農地集積助成費（単価）10千円/10a】

機能強化支援

集落営農組織が、新たに、地域内の経済、生活、人材の維持などの地域貢献活動への取り組みに対して支援を行う。（25組織／年を想定）

2　経済維持機能強化【補助率：ソフト1/2以内、ハード1/3以内】

3　生活維持機能強化【補助率：ソフト2/3以内】

4　人材維持機能強化【補助率：ソフト2/3以内】

予算額は2010年度は3,700万円

図3－7　島根県「地域貢献型集落営農確保・育成事業」の概要

地域貢献型集落営農確保・育成事業取組事例（その１）

○事業実施年度：2008年度
○事業実施主体：Ｓ営農組合（東出雲町）
○事業内容　　：水稲育苗ハウスを有効活用したトロ箱栽培実証
　　　　　　　　事業費1,201千円（うち補助金額600千円）
○事業効果　　：①遊休ハウス（水稲育苗ハウス）の有効活用
　　　　　　　　②女性の活躍の場づくり
　　　　　　　　③雇用の創出と地域の活性化

地域貢献型集落営農確保・育成事業取組事例（その２）

○事業実施年度：2009年度
○事業主体：農事組合法人Ｄ（飯南町）
○事業内容

(1)　経済維持機能強化

地域内に青空市があり、これまで地域内の生産者が個々に栽培を行い、個々に持ち込みをしていた。しかし高齢化等によりこの方法が困難になってきた。この一方で生産者の生産意欲は衰えてはいないのも事実であり、その意欲を大切にしてもらうために、地域内で一体となって生産に取り組んでいくこととし、Ｅ地区の育苗ハウスを利用して胡瓜、アジウリ、とうもろこしなど、少量多品目栽培で生産に取り組み、持ち込みも合同で行う。また、生産物を利用して小規模ではあるが加工品の生産を行い、生鮮野菜と加工品の販売を行い、現金収入の確保と生活意識の向上につながるように取り組む。

(2)　生活維持機能強化

高齢化に伴い除草作業や冬季期間の屋根の雪下ろしが行えず業者に依頼する人が増えている。しかし依頼が重なり順番を待つのが現状で不安な気持ちの中で生活をしなければならない。このような不安な気持ちを何とか軽減するため、チームを作り夏場の草刈作業を請負うことを実施する。また冬季の屋根の雪下ろしも同様に行い、生活環境の維持と福祉向上につとめ、ゆとりある環境を実現する。

がちになってきたのではないか」という点である（強調、引用者）。

そこで、集落営農の従来の評価軸である「経営発展度」に、地域社会の維持や活性化に寄与する「地域貢献度」を加えることによって、集落営農が本来もっている能力を総合的に評価する島根県独自の評価システムを創設し、「地域貢献型集落営農」を育成・支援することになった。

この報告書の内容をふまえて、08年度から島根県単独事業として実施されている「地域貢献型集落営農確保・育成事業」の概要は、図3−7、図3−8、表3−5のとおりである。

研究会における検討過程で、集落営農の「地域貢献度」をどのようにとらえ、評価するかについて表3−6のような試案が示され、それにもとづいて評価作業が行なわれた。大変興味深い提案であり、

活動実施一覧（2008・2009年度）

目的・効果・波及活動等
育苗ハウスの有効活用、雇用の場づくり
女性の専任体制、雇用の場
付加価値化、農商工連携 農地有効活用（2年3作）、地産地消
雇用の場づくり、環境保全型農業 多角化による雇用の場づくり 世代間交流、女性・高齢者の活躍の場
加工事業拡大に向けた展開、交流 女性の活躍の場づくり 世代間交流の場づくり、放棄地解消 雇用の場づくり、産直への展開
交流を通じた後継者育成へ
伝統食復活、雇用、放棄地解消 雪下ろし部隊結成等生活維持活動
高齢者・女性労力活用 水稲以外の品目導入 景観美化、放棄地解消 人材確保、商品販売のしくみづくり
組合員の所得向上 高齢者・女性の副収入へ
経営安定と所得向上へ
女性・高齢者の活動の場づくり 女性・高齢者の活動の場づくり
直売所を通じた地産地消 直売所を通じた地産地消
転作作物の有効利用、交流 地区内農家の組合活動への参加
研修生受入等人材確保の体制整備 高齢者組合員への生活物資供給 交流活動強化に向けたスキルアップ
女性の参画へ

表３−５　地域貢献型集落営農確保・育成事業機能強化

市町村名	事業内容	補助金の使途
松江市	水稲育苗ハウスでの野菜のトロ箱栽培	トロ箱資材
東出雲町	水稲育苗ハウスでの野菜のトロ箱栽培	トロ箱資材
安来市	地元大豆の豆菓子加工・商品PR 菜種、玉葱、ニンニク裏作栽培実証	豆菓子試作、パッケージ、PR 資材、苗、交流会、視察
斐川町	和牛放牧機械整備、ゴーヤのトロ箱栽培 枝豆・ゴーヤ・キャベツの栽培実証 水稲育苗ハウスでのスイカのトロ箱栽培	除草機、トロ箱資材 資材、視察、ロータリー トロ箱資材
出雲市	加工調査研究・試作 羊の加工施設・機材 羊導入による除草・環境保全・交流 水稲育苗ハウスでの野菜のトロ箱栽培	加工技術視察・研修、備品 加工施設整備 羊小屋、羊、研修、講師謝金等 トロ箱資材
雲南市	都市住民との交流（体験農園、PRパンフ）	交流会費、視察経費
飯南町	ゆず・ニンニク製品の開発・PR 野菜生産、地域伝統文化継承に向けた活動	商品開発、チラシ、デザイン費等 資材、視察、除雪資材
大田市	葉わさび生産・加工 新規野菜（カブ）の導入実証 水田放牧等に係る機械整備 多角化・人材確保に向けたPR	苗、遮光資材、肥料・農薬等 苗、肥料・農薬、機械リース料 放牧等に係る除草機械の整備 HP開設経費等
邑南町	水稲育苗ハウスでの野菜のトロ箱栽培 加工（みそ、米菓子等）	トロ箱資材 製粉機、みそ摺機
美郷町	野菜の集荷・調製の機械・施設整備	施設、機械整備
浜田市	野菜導入実証 加工向け野菜の導入実証	苗・資材費、視察 苗・資材費
江津市	里芋・キャベツ実証 少量多品目野菜の生産	苗・資材費 パイプハウス
益田市	加工（ソバ、大豆、米） トロ箱栽培等野菜生産調査・研究	製粉機 新規作物導入に向けた視察研修
津和野町	UIターンのための施設補修 加工施設を活用した生活維持活動 農業小学校の活動体制づくり・交流	トレーラーハウスの補修 先進地視察、備品整備 情報収集、PRちらし作成
海士町	水稲育苗ハウスでの野菜のトロ箱栽培	トロ箱資材

の「地域貢献度」を評価する指標の考え方

備考
耕作放棄地低減機能は、耕境外を除いた耕作放棄地率で評価する。なお、県内の耕作放棄地率は2005年2月現在で平均18%であるが、集落営農組織の設立が進んでいる市町村では総じて低い傾向がみられ、斐川町4%、飯南町7%、奥出雲町8%、津和野町8%などとなっている。
耕作放棄防止機能は、所有者や耕作者がいなくなった水田や畑を農地として維持していくための取組状況を評価するものであり、年間数回のトラクターによる耕起作業をはじめ、草刈機やモアなどによる草刈作業など耕作放棄の防止に向けたシステムの確立の有無を評価する。
限界集落農地維持機能は、高齢化率50%以上の限界集落の農地維持に向けて、限界集落における利用権設定や農作業受託などの有無によって評価する。なお、限界集落の区分は原則として行政集落のデータを用いることとする。
雇用創出機能は、経営多角化を念頭に、施設園芸・露地野菜・大豆・農産加工品など水稲作以外の新たな雇用につながる部門の売上高を用いることとする。
農業継続支援機能は、水稲機械作業・野菜畝立等機械作業、堆肥散布・生産資材運搬・収穫物運搬・直売所設置・稲わら収集結束サービスなど、集落営農組織が行う農業継続に向けた支援項目数で評価する。
エコロジー農業実施機能は、環境にやさしい有機無農薬米、エコロジー米、エコロジー野菜などの作付面積比率で評価する。
集落活動活性化機能は、集落営農組織設立後の泥落とし、収穫祭をはじめ、都市交流での体験農園（田植、稲刈、そば収穫、芋掘りなど）、伝統行事（とんどさん、花田植など）の開催、女性グループによる地産地消活動、子供会での水田生き物調査、児童農業体験受入、組合だより、組合カレンダー発行などの年間開催回数で評価する。
高齢者の生活利便機能は、高齢独居世帯への食事宅配をはじめ、買い物や通院の際の外出支援サービス、生活必需品の買い物代行、冬場の屋根の雪おろしなどの取組活動の有無によって評価する。
居住空間維持機能は、電気牧柵の設置や高齢独居世帯の庭先果樹（柿・栗）の収穫代行などによる鳥獣害防止をはじめ、水路の維持清掃、ため池保全、道路維持、環境美化、花木植栽、道路沿いの花づくり、荒廃地へのコスモス植栽などの取組に着目し、居住空間としての満足度を維持するための取組活動数で評価する。
集落の担い手確保機能は、集落営農組織設立後のUIターン者の有無によって評価する。
オペレーター育成機能は、集落営農組織設立後の新たなオペレーターの育成数で評価する。
人材補完機能は、不在地主の農地の草刈支援をはじめ、野菜栽培や農産加工での補助的作業など農業の様々な場面での作業支援に向けて、高齢農業者や女性農業者、地域内の非農業者やボランティアなどを含めた人材バンクや補助的作業支援システムの有無を評価する。

在り方研究会報告書」p.16から抜粋引用した。

表3－6　集落営農

	評価項目
1 農地維持機能	①耕作放棄地低減機能（耕作放棄地率）
	②耕作放棄防止機能（システム確立の有無）
	③限界集落農地維持機能（限界集落での受託の有無）
2 経済維持機能	④雇用創出機能（水稲作以外の売上高）
	⑤農業継続支援機能（継続支援項目数）
	⑥エコロジー農業実施機能（エコロジー農業作付面積率）
3 生活維持機能	⑦集落活動活性化機能（収穫祭等開催回数）
	⑧高齢者の生活利便機能（食事宅配等取組の有無）
	⑨居住空間維持機能（鳥獣害防止等活動数）
4 人材維持機能	⑩集落の担い手確保機能（UIターン者の有無）
	⑪オペレーター育成機能（新たなオペレーター育成数）
	⑫人材補完機能（補完的作業支援システムの有無）

注：島根県「次世代の集落営農の

他県でも参考になると考えるので紹介しておきたい。

島根県における試算結果によれば、集落営農の地域貢献度は平坦地域の組織よりも中山間地域の組織のほうが高く、設立後の経過年数が長いほど高まる傾向があることも明らかになった。とりわけ興味深いのは、「農地維持機能や経済維持機能は比較的早く（5～9年）確立されるのに対し、生活維持機能（特に高齢者生活利便機能）、人材維持機能（特にオペレーター確保）の向上には年数がかかる傾向がみられる」という指摘である。[2]

そこで、実際に地域貢献活動で成果をあげている集落営農法人の事例を取り上げてみたい。

（2）旧役場、旧農協の仕事を引き継いで地域の暮らしを支える集落営農法人

高齢者外出支援、灯油戸別配達サービスなどを手がける有限会社

２００５年３月、旧出雲市・平田市・佐田町・多伎町・湖陵町・大社町の２市４町が広域合併して、人口14万人余の島根県第２の新出雲市が誕生した。

この合併に参加した旧佐田町は、１９５６（昭和31）年６月に旧簸川《ひかわ》郡窪田村と飯石郡須佐村が合併して佐田村となり、69年に町になった。

図３－９　島根県旧佐田町

その旧窪田村も明治29年に２つの村が合体して立村してから、昭和23年と25年に２つの村を合併した歴史がある。その旧窪田村のなかに５つの集落で構成される飯栗東村地区がある。世帯数１０３戸、うち農家戸数は85戸。人口３５８人、高齢化率はおよそ41％。水田を中心とする耕地は河川の沖積地と山間の棚田で、地区の全農地面積は約40ha。平均反別50aほどの典型的な中山間、過疎地域である。

かつては養蚕や和牛の産地として栄えたが、現在は繁殖和牛に取り組む農家が数軒ある程度。積雪もあるのでかつては

冬に出稼ぎに行く農家もいた。現在は出雲市や松江市を勤務先とする兼業農家がほとんどである。

この地区にあった2つの営農組合が合併し、2003年8月、有限会社グリーンワークが設立された。資本金300万円、設立社員30名である。

法人設立にあたって、農事組合法人ではなく「有限会社」を選んだのは、農事組合法人は農協法にもとづく協同組合組織で「農業および関連事業」しかできないことや、組合員でない者が利用できる範囲が限定されている（員外利用の制限）など制約が大きいからである。たまたま、近くの特別養護老人ホームの理事長から入居者の送迎サービスを依頼されていたことも背景にあった。

グリーンワークの現在の事業内容は次のようになっている。

農業生産　利用権設定を受けた約13haの水田で、島根県認証のエコロジー米の生産、育苗ハウスを利用した中玉トマトの生産

農作業の受託　旧佐田農協が補助事業で建設したライスセンターと育苗ハウスの運営を受託
　育苗1万5000枚、田植え作業3ha
　刈取り作業13ha、乾燥調製約31ha相当

地区の5つの集落が一本化して全戸で参加する中山間直接支払制度の事務局、農地・水環境保全対策事業における営農活動支援の実施主体としても地域の共同取組みの中心となっている。

これまで述べた活動なら、集落営農法人がふつうに行なっている事業である。しかし（有）グリーンワークは、このほかにも多くの事業を行なっており、それらがいわゆる「地域貢献活動」と評価さ

れる分野である。

（１）まず特筆すべき事業が、「高齢者外出支援サービス」である。これは、合併前の佐田町が運行していた「福祉バス」を廃止し、民間委託することになったのを引き受けたもの。

市の福祉分野の事業なので、利用者は旧佐田町の住民で自ら自動車を運転できない高齢者が対象だ。この事業の最大の特徴は「送迎サービス」として病院まで付き添い、診察が終わるまで待っていてくれることと、買い物の積み下ろしの際に肥料など重いものを持ち運ぶ手助けもしてくれることである。

自動車は出雲市の所有で、運転手はグリーンワークの従業員４名が交代で担当する。グリーンワークのドライバー（オペレーター）の時給は１３００円。市からグリーンワークに支給される助成金は時給９５０円。時給の差額はグリーンワークが負担する。

一方、利用者が支払う料金は「１時間当たり１００円」プラス「１km当たり10円」で計算される。出雲市中心部との往復は40km以上。一般のタクシーを利用すると、料金は１万数千円かかる。送迎サービスならそれが１０００円ちょっとですむ。

利用にあたっては、市役所に登録を行ない、予約も市役所を通して行なう。２００９年現在、１２０名ほどのお年寄りが登録している。利用は１人月１回までという制約はあるが、スクールバス以外に路線バスがないこの地域に暮らすお年寄りにとって、グリーンワークによる外出支援事業はなくてはならないものとなっている。

法人として人件費の差額を負担しているが、これについて山本友義社長はこう述べている。
「ボランティアで地域に貢献しているよ、という謳い文句でやらしてもらっています。祭りなんかで10万、20万円を寄付するよりも、（部門として）赤字になってもこういう福祉で10万、20万円を使うほうが地域に貢献できると考えています」。

（2）農協のガソリンスタンドから、冬期間（11月～4月）灯油の戸別配達業務を受託していることである。

農協にとっては、人員配置の合理化になるのに対して、農閑期のオペレーターの働き場所が確保できるメリットが法人にもある。積雪地域の当地区にとっては、灯油の配達は不可欠のライフラインであり、地区全体が利用する地域貢献事業である。

（3）旧町が開設し、新市に移管された森林公園の指定管理者となっており、4月～11月の期間、利用受付けや園内の清掃などの管理業務を受託している。

農外に出ている人たちを後継者に迎える方策

グリーンワークでは、総務・経理部門の女性1人を含めて、現在常時従事者4人が働き、農繁期にはパートとして15～17人を雇用しており、法人経営体として山間の農村で雇用の場としても地域貢献を果たしている。

従業員の1人、高田正巳さん（48）は2006（平成19）年に県外から移り住み、グリーンワークに就職した。「農業以外の仕事もあり、なかなか面白い会社。大変気に入っています」と高田さん。住まいは集落内の山のなかで空き家となっていた1軒家を借りている。家の周辺の棚田や水路の管理にも積極的で、地元集落の貴重な担い手として住民からすでに大きな信頼を得ている。

高田さんはコンバインなど大型農機のオペレーターでもあり、「福祉タクシー」の運転手でもある。もともと都会で運送業に従事していたので運転はお手のもの。冬の灯油配達もしているので、集落外の人たちともすっかり顔なじみになった。機械整備のノウハウも習得しつつあり、今やグリーンワークに欠かせない存在となっている。

グリーンワークの人材育成面での次の課題は、農外の勤めに出ている地域の後継者たちをどのようにして集落営農にかかわりをもたせるかであろう。今でも、農繁期の土日などに仕事を頼むと何人かは働いてくれて、それなりの手応えを感じているようだ。

山本社長の思いは「親たちに言われたから、手伝うという段階から、もう一歩前向きになって欲しいのだが……」ということである。筆者は次のように提案した。

会社も軌道に乗ったので増資を計画し、その際、後継者たちの世代を社員（株主）に加える。もちろん、ほかに勤めていてもOKである。社員になって会議に出席し、会社の実態や計画を知れば、「自分たちも期待されているのだな、責任を共有しなければ」という気持ちが育ってくる。少しずつ責任をもってもらえるように仕向けていくことがポイントではないだろうか。

山本社長も、「なるほど、具体的に考えてみたい。とりあえず青年部をつくることなど計画してみよう」と応じていた。

さらにもうひとつ、グリーンワークには地域貢献を総合的に実現している象徴的な取組みがある。それはめん羊の放牧である。棚田のあぜや法面に生える雑草を羊に食べてもらう、というのがこのアイデアの発端だ。

地域では雑草の処理に難儀していた。中山間の畦畔に除草剤を使えば法面が崩れてしまう。そのため、畦畔の除草はもっぱら草刈機による作業がふつうである。しかし、真夏の草刈作業は重労働で、地権者個人に草刈作業を再委託するにしても、グリーンワークが法人として行なうにしても、人海戦術には変わりなく、作業負担の軽減が地域全体の大きな課題となっていた。そこで2haの圃場に19頭の羊を放牧し、山間地で最も重労働となる草刈りを羊にやってもらうこととなった。取組みを始めて3年経過したが十分な成果があがっている。

島根県でもグリーンワークのこの試みを評価し、中山間地における畦畔除草のモデルとして防護柵・電柵の設置費を補助し、除草効果を追跡調査することになった。

羊は年中放牧するわけではなく、雑草の枯れる冬は小屋のなかで飼育する。そこで冬の間は地元小学校や中学校へ羊を貸し出している。08（平成20）年には、地元の窪田小学校の2年生15名が羊の飼育絵日記を描き、法人へプレゼントしてくれた。学校のすぐそばの畑に子どもたちが保護者と一緒に小さな羊小屋を建て、グリーンワークの羊を借りて飼育体験をしていたのだ。これは地域の情操教育にも一役買っているようで、子どもたちから好評だったのはもちろんのこと、交代で子どもたちが一生懸命エサやりや水やりをする姿を見て、親のほうが感動しているとの評判も聞こえるという。翌09（平成21）年には、3、4年生26名と市立窪田保育所の園児21名を放牧場に招き、バリカンによる毛刈り作業の見学と、はさみによる毛刈り体験をさせている。

グリーンワークは羊毛の利用にも着目している。毎年5月の田植え終了後に羊の毛刈りをする。そのあとの加工処理をグリーンワーク出資者の奥さんたちが行なう。法人が新築した休憩室の一画を作業スペースとして間借りし、地域の女性を中心とした7名で活動サークルも立ち上げた。名前は「メリーさんの会」という。

羊を放牧するだけではなく、羊が地域に定着するためには毛刈りをした羊毛も含めてフル活用されなければならない。県は「メリーさんの会」の羊毛工房を整備する事業も補助対象にして、成果を見守ることにした。

会では週に3回ほど集まり、毛刈りから洗浄、機織、紡ぎ、染色までの技術を習得しながら、毛糸のほか、マフラーや帽子、ベストなどの毛織物をつくっている。これまで年に何度かイベントでの実演販売をしているが、女性や子どもたちを中心に人気を得ている。イベントがきっかけで興味をもった若い女性が1名、松江市内からメリーさんの会に参加するなど活動の輪が地区外へも広がりつつある。社長の山本さんは「こうした飼育、加工、販売の一連の取組みを地元の高校生の学習活動としてできないだろうか」と夢をふくらませる。

法人として羊の放牧に関連する事業では大きな収益をねらっていない。羊はもともと法人で購入し、自然に殖やしたものである。毛糸や毛織物の販売額も数万円ほどである。山本社長は次のように話す。「羊は根もとからきれいに雑草を食べていってくれるので、ずいぶん助かっている。従来年に4回ほど行なっていた草刈り作業が不要になった。労賃にすれば年間反当1万円なので、およそ20万円が浮いた計算。これでエサ代は十分元が取れる」。

最初はあぜ草対策という課題を解決することから始まった試みではあったが、人と知恵を結びつけるなかで羊の放牧は総合的な地域貢献型事業として展開していった。あぜや法面の管理を省力化できるという意味で農地の維持、衣食住の「衣」を自給するという意味で経済の維持、体験交流等によって子どもが参加し農村ならではの暮らしを創り出すという意味で生活の維持、女性の参加を得られるという意味で人材の維持など。楽しく夢のある世界が集落営農を拠点に行なわれている。これぞまさに集落営農による地域貢献といえるだろう。

グリーンワークの活動状況については、農文協から販売中のビデオ・DVDの「集落営農支援シリーズ地域再生編」の第3巻で紹介しているので、併せてみていただきたい。

引き継ぐだけでなく、新たな取組みも

村と村が合併して町になり、町と町村が合併して市になり、その市がまたほかの市と合併を繰り返す。その度に役場が消え、中学校が統合され、百年続いた小学校が廃校になってしまう。町役場が消滅することで、それまで役場が提供してきた住民サービスも打ち切られてしまう。

旧佐田町についてみれば、高齢者にとってはまさに命綱《ライフライン》だった「福祉バス」が廃止され、水源林として守られてきた旧入会山＝財産区や町有林を森林公園として管理する業務も維持できなくなった。これでは人びとは暮らしていけなくなり、このまま手をこまねいていては廃村になりかねない危機に直面したのである。実際、このような経過をたどって、多くの集落《むら》が消滅に追い込まれている。

しかし、旧佐田町の場合は違った！　集落営農法人グリーンワークが、合併で消える役場業務を引き継ぎ、高齢者の外出支援サービスも森林公園の管理も従来どおり継続され、住民は安心して暮らせるのである。

農協も合併を繰り返し、リストラを続け、そのたびに地域の営農と暮らしの環境は悪化していく。営農継続の基礎《インフラ》である育苗センターもライスセンターも農協はサービスを提供できなくなり、積雪地の生活の命綱である灯油の配達サービスも打ち切られそうになったとき、集落営農法人グリーンワークは、農協からそのサービス業務を引き継ぎ、提供し続けている。みごとに「地域貢献」を果たしているではないか！　そして、地域貢献活動の遂行を通じてIターン定住就農者を含めて新たに4人の雇用の場を生み出して地域を活性化している。

ただ旧役場、農協がやっていた業務を引き継いで守っているだけではない。旧役場・農協がやれなかった新たな取組みを始め、これまで以上に地域に活力を生み出しているところが集落営農のすごさなのである。

たとえば羊を放牧して畦畔の除草をやらせ、子どもたちに生きものとふれあう機会を提供し、毛刈りした羊毛を紡いだり織ったりする手工芸《クラフト》の世界を創造し、都会から女性が通ってくるというように、新たな人びとの結びつきの場を提供することに成功しているのである。

（３）全住民が株主の地域おこし会社

―改正農地法を活用した新発想の集落営農構想―

常時従事役員が１人いれば株式会社もＯＫ

２００９年12月15日に「農地法等の一部を改正する法律」（以下、改正農地法）が施行された。今回の改正は、農地法のみならず、農業振興地域整備法、農業経営基盤強化促進法などの改正にもおよぶ大規模なものである。ここで農地法の改正内容について詳細に論ずるつもりはないが、集落営農をどう組織し運営するかに関係する大きな改正を含んでいる部分についてのみ、簡単にふれておきたい。

それは、今回の農地法の改正が、「農地の利用」を基本とする制度に変わったことによって農地を利用できる権利者の範囲が大きく広がり、これまでの自然人としての耕作者（いわゆる「農家」）、その延長として位置づけられる農業生産法人に限らず、株式会社など幅広く認められることになった、ということである。

したがって、集落営農を法人化する場合にも、従来は「限定され、制約が強かった農業生産法人」だけしか認められなかったのが、今後は「農業生産法人でなくても農地を利用して農業経営が行える」

集落営農法人と農地利用との関係

(1) 農地を所有する場合は、農業生産法人でなければならない。
　農業生産法人として認められるためには、構成員の資格や範囲、従事日数要件等厳しい条件がある。

(2) 農地を所有することなく、利用権設定（借地）して農業経営を行う場合は、農業生産法人である必要はない。
「一般の株式会社」でも、農業に常時従事する役員が、１人以上いれば認められる。

※農地を利用しない、農作業受託や農産加工、販売や畜産はどのような法人形態でも可能。(山林や宅地など「農地」以外でハウス栽培など農業生産を行う場合も同様)。

図３−10　改正農地法における農地利用の条件

ことになったので、選択の幅が広がったのである。

具体的にいえば、「株式会社」形態で農業経営を行なう場合について、図3−10に書いたように、「農地を所有する場合」は（1）のとおり、「農業生産法人としての特別の資格を持った株式会社でなければならない」ことは改正後も同様である。

農地法の改正で大きく変わったのは、「農地を借りて（利用権設定）農業経営を行う場合」である。この場合は「農業に常時従事する役員が1人以上いれば一般の株式会社でもよい」ことになったのである。

ただし、農地の利用権設定について農業委員会の許可を受けるには、次の2つの条件を満たしている必要がある（もっとも、この条件は一般企業を監視する目的で付されたものであり、集落営農はこの2つの条件は当然の前提になっているのだから問題ない）。

①農地を適正に利用していない場合には契約を解除できるという条件が書面によって付されていること。

②地域の農業者との適切な役割分担の下に継続的かつ安定的に農業経営を行なうと認められていること。

株式会社方式の集落営農のメリット

改正農地法を活用して、株式会社方式で集落営農を立ち上げるメリットは何か？

①どんな事業でもできる（定款に書いてある事業はすべて営業ができ、制限はない）。

農業生産はもちろんのこと、加工、販売、観光業（民宿、釣り船なども）、レストランも、グリーンワークのようなサービス業も。市から委託を受けて上・下水道の検針やさまざまな住民サービスも……。

地域住民が安全で便利に暮らしていくために必要なことは何でも事業として経営でき、それが会社の事業収入を増加させ、たくさんの人びとに生き甲斐をもって働く場を提供できる。まさに地域おこし、地域貢献を可能にする。

（これに対して、農事組合法人の場合は、農業と関連事業のみに制限されている。また農事組合法人のサービスを利用できるのは出資した組合員とその家族が原則であり、組合員以外の利用は法律で20％以内に制限されている。）

②誰でも出資してメンバーになることができる。農家・非農家の別も、農地の所有・非所有の別も、もちろん男女の別もない。

地区に居住しているかいないかの制限もない。もちろん、市町村・農協・商工業者誰でもメンバーになれる。たとえば、地元出身で都会で暮らしている人や農産物を購入する都会の消費者等々。

（これに対して、農事組合法人は「農業者の協同組合」なので、出資して組合員になることができるのは原則として農業者であり、農業者以外あるいは地域外の農業者が組合員になることには制限がある。）

③将来、農地の買取り希望が出た場合は？

以上述べたように、改正農地法を活用した株式会社方式の集落営農は、まさに「地域貢献型」にピッタリなのである。

唯一の弱点は、農地を所有できないことである。したがって、地域の農地所有者が高齢になって後継者がいないとか、資金を必要とするとか、何らかの事情で、所有する農地の一部または全部を買取ってほしいと申し出たとき、法人で購入できない。

その場合には、地区内で農地を買うことができる人に買ってもらうか、地区の共有財産にするか、市町村や県公社に購入してもらって、法人が引き続き借りて利用するか、いくつかの方法が考えられる。いずれにしても、集落営農法人が直接農地を購入する必要はないので、問題にはならない。

注

（1）『次世代の集落営農の在り方研究会報告書』２００８年３月　ただし島根県庁の内部資料。

（2）「在り方研究会」の中心メンバーであった竹山孝治（島根県農業技術センター経営担当専門研究員）が、注（1）の『報告書』の内容をふまえた次の論文を発表しているので、併せて読まれることを期待したい。
竹山孝治「島根県における地域貢献型集落営農の実態と政策への適合性」『農業と経済』第75巻第12号２００９年11月号
なお、島根県のホームページでも、地域貢献型集落営農についての情報が開示されている（農林水産部農業経営課）。

3　集落法人のネットワークで地域を支える

―広島県三次農協の実践に学ぶ―

（1）「地域を支える協同組合」路線

中国山地の新しいタイプの農協運動

三次《みよし》農協のある三次市は中国山脈のほぼ中央に位置し、古くから山陰と山陽の交通の要衝として発

三次市　昭和29年3月31日

広島県双三郡三好町が同郡内の1町6村と合併して市制、昭和31年と33年にも郡内の2村を編入。

2004年4月1日、郡内の3町3村および甲奴郡甲奴町と広域合併。人口約59,000人

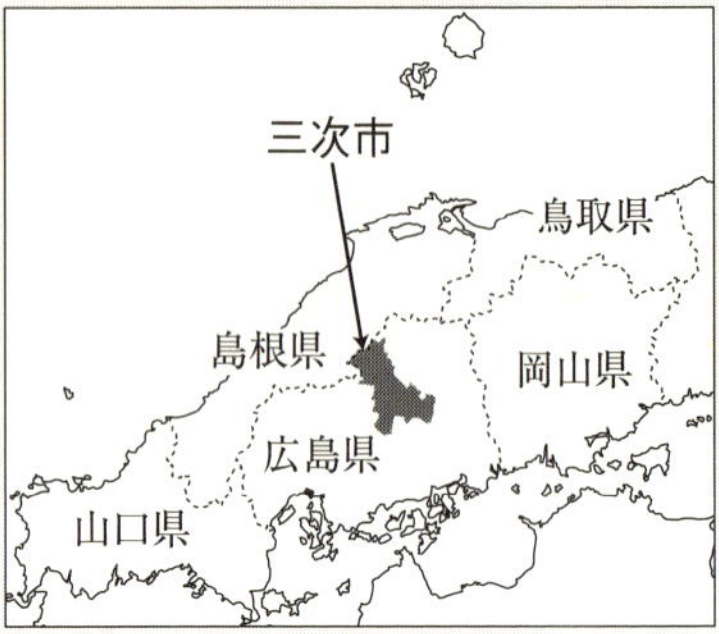

三次農協

（2008年度、2009年3月末現在）

正組合員	13,972人	組合員合計21,952人
准組合員	7,980人	
正組合員戸数	7,362戸	
貯金残高	1,013億円	
貸出金残高	227億円	
長期共済保有高	6,092億円	
販売品取扱高	40億円（うち米21億円）	
購買品取扱高	19億円（うち生産資材12億円）	

図3-11　広島県三次市と三次農協の概要

展してきた。市街地を中心にした盆地のほか、河川を中心に平坦地が広がり、そのまわりにゆるやかな丘陵や山地が連なる。管内の4分の3は中山間地域で、山林原野がおよそ47%と半分近くを占め、農地（水田、畑）は13%ほどである。管内の人口は約5万9000人。過疎・高齢化が急速にすすんでいる。

図3-11に示したように、2004年4月に旧三次町が周辺の4町3村と広域合併したが、人口287万人の広島県のなかでは、人口規模でいえば8番目の市ということになる。

一方の三次農協であるが、1

991年に旧三次市と双三郡《ふたみぐん》内の7つの農協が広域合併して今日に至っている。組織の概要を図3－11に示しているが、このデータをみただけではごくありふれた「普通」の広域合併農協だと思われるかもしれない。

しかし、三次農協は、次のような「特色のある運動路線」を掲げているユニークな農協なのである。

第1に、「農家」の結集体としての農協であるよりも、地域の多様な人びとが参加した「地域の協同組合」をめざしていることである。

三次農協の第3次中期計画（計画期間2007〜2009年度）には、次のような「重点方針」が掲げられている。

A　元気な地域づくりと地域社会への貢献

地域を存立基盤とする組織として、地域と一体となって、元気な地域づくりの積極的な支援を行うとともに、地域の次代を担う人づくりに取り組みます。

また、暮らしの安心と豊かな心を育む地域社会の実現に向け、食農教育をはじめ、JAならではの「農」を起点とした幅広い地域活動に取り組みます。

B　組織基盤の拡充と協同組合運動の強化

構造改革・規制緩和のもとで「格差社会」が広がりをみせる中、「相互扶助」を基本理念とする協同組合運動の意義を広くアピールし、地域から支えられるJAとして、広く組合員加入によるJA運動への参画を働きかけます。

さらに、参画を実感できる組織運営に努めるとともに、積極的な情報発信と広報活動の強化に取り組みます。

（以下3項目が続くが、項目のみ紹介し、その内容は割愛する。）

C　地域の営農と暮らしを支える事業展開と利用率の向上

D　信頼される人材の育成と職場の活性化

E　万全な経営体制の確立と信頼性の向上

三次農協では、この重点方針に沿って、組合員の拡大運動に取り組んでいる。とくに組合員農家（正組合員）の後継者や女性たちに参加を呼びかける「1戸複数組合員化」運動、非農業者であっても幅広い地域住民の農協への加入と利用を促す「准組合員」増加運動をすすめた。

その結果、08年3月末までの3年間で５０５６人が新しく組合員となった。そのうち7割近くが女性、約4割が准組合員（非農業者）である。また、年齢別には50代が19%、30歳未満が18%、40代が17%と若い年代の組合員が多数加入したことは非常に注目されるところである。

09年3月末における個人組合員の男女別の構成比をみると、表3-7に示したとおり、正組合員・准組合員ともに、女性組合員の割合がほぼ40%となっている。全国平均の女性組合員比率（正組員）が17・2%（09年4月）であることと比較した場合、三次農協がいかに女性の組合加入に努力し、成果をあげているかがわかる。[1]

表3－7　三次農協組合員の男女別内訳・組織等

区分		男	女	計A	組合員戸数B	1戸当たり組合員　A/B
正組合員	人数	8,294	5,617	13,911	7,362	1.9人
	構成比（%）	59.6	40.4	100.0		
准組合員	人数	4,717	3,147	7,864	5,416	1.5人
	構成比（%）	60.0	40.0	100.0		

注：1. 2009年3月末現在、『通常総代会資料』により作成。
2. 准組合員とは、農協の営業区域内に居住または勤務している非農業者で出資して組合を利用しようとする者。意見を述べることはできるが「議決権」はもてない。
3. 組合員戸数の合計12,778戸を、管内世帯数22,482で割った組織率（地域の総世帯のうちの農協に加入している世帯の割合）は56.8%。

また「複数組合員化」の実績についても、正組合員についてはほぼ1戸で2人が加入しており、准組合員についても複数の家族が加入して利用する状況になっている。従来の農協は、農家が「家単位」で加入する建前で、家の代表者である「家長」だけを組合員にして組織してきた。組合員の高齢化がすすむと、農協は「高齢の男性の組合」化し、運営への参画率や利用率が低下してしまう。この状況を打破し、家長だけでなく、後継者や女性たちにも組合員になって利用してもらおうというのが「複数組合員化」運動であり、三次農協は新しい組織原理を定着させている。

さらに、管内の総世帯数のうち農協の組合員の世帯の割合（組織率）も6割近くに達しており、「地域を支える協同組合」へと着実に脱皮しつつある。

第2に、組合員を多様な自律的ネットワークに組織し、その連絡調整機能を担う事務局役としての新しい農協像をめざす。

組織の基盤となる地域が、中国山地の小盆地に古くから開けた農山村とそれらの地域住民の生活ニーズに対応して形成された商業地域（いわゆるＤＩＤ人口集積地区）であったため、資本主義的商品経済の浸透に伴い、地方経済圏は衰退を余儀なくされ、高齢化・過疎化に対応するため、自治体も農協も合併を繰り返してきた。

三次農協も2回の合併を経て、営業区域も超広域となり、積極的な組合員拡大運動の成果として非農家を含む2万人余の組合員が参加する大規模農協になった。

この巨大組織を常勤理事３人、常勤監事１人を含む28人の役員（といっても、代表理事の村上光雄組合長は２００６年12月から広島県農協中央会・信連経営管理委員等として広島市へ常勤状態）と３７３人の職員（うちパート雇用１６１人）で経営、業務執行にあたる態勢である。

広域合併とその後の地域分権的事業の再構築策

広域合併後は、経営の効率化（いわゆる「リストラ」）、経営再建のための店舗・人員の大幅な縮減も実施し、合併当時の30支店・支所、9事業所・出張所の体制から、現在では10統括支店・２第二支店体制に再編成された。

広域合併によるいちばん大きな変化は、組合員の経営への関与態勢である。協同組合であるから、正組合員は全員１人１票の平等の議決権をもち、直接、総会に出席して意思決定に関与できる。合併前の小さな組合時代には、まさに「直接民主制」で組合員全員を招集する総会で議決権を行使できた。合併で組合員規模が大きくなると「代議制による間接統治」に移行し、まず「総代」を選挙し、少数の総代が参加した「総代会」で総代のみが議決権を行使するようになる。

三次農協の場合も、７８６４人の准組合員には農協法によって議決権はなく、１万３９１１人の正組合員から選ばれたわずか５３０人ほどの「総代」のみが総代会で議決権を行使している。しかも高齢化・兼業化した地域事情を反映してか08年6月開催の通常総代会の場合についてみると、本人出席は３１２人で、残りは代理人出席15、書面議決１０７である。もちろん定款上は適正・有効なのだが、組合員2万人以上の巨大組織がわずか３５０人足らずの総代の出席者によって意思決定され、残りの人びとは「単なる利用者＝顧客化」してしまう「組織の形骸化」リスクに直面する。このままでは、せっかく組合員を増やしても、利用率の漸減を招き、地域のなかでの存在感を喪失させてしまいかねないであろう。

リストラ、効率化を追求するため、合併前の旧農協の店舗や施設を廃止し、人員も事業も本部や拠点へ集約・集中するというのは、広域合併農協が一般的に行なう対応である。このような「中央集権化・集約化路線」は、経営コストは節減できるが、過疎化・高齢化が進行し、農協をいちばん必要としている周縁地域を切り捨てて撤収していくことになる。

いずれの路線も、三次農協が掲げる「地域を支え地域社会に貢献する」という農協運動の目標と矛盾する方向である。

そこで三次農協が採用した事業の再構築方策が次のような内容である。

（ア）合併前の旧6町村の農協の本店を新農協の支店として機能を強化するが、旧農協の支店・出張所（昭和の合併前の旧村時代の農協）の事務所や倉庫等の施設は廃止して地元で活用してもらう。たとえば、後述するように、集落法人が事務所や施設として利用する。

（イ）組織や事業の基礎単位を旧町村ごとの支店とし、合併前の旧町村ごとの組合員組織（作物別の部会等）はひとつに統合せず、顔の見える単位での活動・運営を重視する。

たとえば、旧農協の支所ごとの特産品を中心とした生産組合、部会、振興会、生産グループなど多様な協同活動が行なわれており、その調整役として管内横断的な連絡協議会が組織化されている。また女性部を中心とした助け合い組織「たんぽぽの会」の活動も、各支所が基礎となっている。

このように、農協の協同活動および事業は、中央集権的な結集方式ではなく、地域分権的であり、支店・支部・小グループ単位で、組合員がそれぞれのニーズに応じて参加しやすい工夫がなされている。あくまでも組合員の主体的な参加と自律的な運営を重視し、その調整や全体としての連携・強化をめざすネットワーク連絡協議会の事務局を農協が担うかたちである。

これら三次農協の組合組織の現状は、表3－8のとおりである。この地域の特産果樹であるピオーネ種ぶどうについても、三次ピオーネ生産組合、三次市ぶどう部会、ぶどうの里づくり部会、三良坂ピオーネ生産組合など地域ごとの組織とJA三次ぶどう振興協議会の多層的なくくり方になっていることがわかる。

（ウ）事業計画の策定も、地域の特性をふまえつつ独自性が発揮できるよう、支店別・作目別の生産・販売計画が基礎におかれ、それらを全体として集計した総合計画がつくられている。

表3－8　三次農協の組合組織（2009年3月末現在）

組織名	構成人員	組織名	構成人員
JA三次青壮年連盟	57	三次市柚子販売促進協議会	18
JA三次女性部	1,493	亀の丸果樹生産組合	3
助けあい組織「たんぽぽの会」	367	JA三次花き連絡協議会	32
米づくり委員連絡協議会	660	三和町メロン部会	7
JA三次集落法人グループ	20	三和町焼米部会	15
JA三次地域営農集団連絡協議会	104	布野町農業振興協議会	18
JA三次大型農家生産グループ	36	布野町ほうれん草部会	16
JA三次担い手生産連絡協議会	6	布野町メロン部会	4
三次地域ピーマン部会	28	JA三次横谷堆肥施用こだわり米生産部会	17
JA三次アンテナショップ生産連絡協議会	1,003	作木町野菜振興会	19
JA三次酒米生産連絡協議会	232	作木町椎茸生産振興会	13
三次市採種組合	52	作木町果樹園芸組合	13
JA三次アスパラ連絡協議会	182	高丸農園	4
三次市菊生産組合	24	作木花き生産振興会	7
三次タデ生産組合	10	吉舎町山の芋部会	32
三次市ぶどう部会	28	三良坂ピオーネ生産組合	7
上井田果樹組合	5	双三和牛改良組合	146
三次ピオーネ生産組合	20	JA三次共済友の会	3,968
JA三次ぶどう振興協議会	72	JA三次公年金友の会	7,549
ぶどうの里づくり部会	21	JA三次定期積金旅行友の会	6,989

（エ）ネットワーク連携型の事業運営

三次農協の事業運営の特徴は、それぞれの活動・事業を単独で狭く捉えず、ほかの事業との連携が模索されていることである。具体的には、女性部による地元食材利用運動、食材センター、配食センター、地元生産者直売コーナー設置等の一連の活動・事業をはじめ、葬祭事業と信用・共済事業、ギフトセンターとの連携等があげられる。また、葬祭事業における隣接農協との農協間協同、県内3農協および全農県本部との農機事業における農協・連合会間協同である。これらは、これまでの顔の見える活動・事業範囲を維持しつつ、総合事業として範囲の経済を求め、一方市場規模や効率性の観点から実質的な事業規模の拡大や機能の充実を通じて規模の経済を求めるといった、いわば機能・事業・組織のネットワーク論的な視点が貫徹されている。

中山間地域の特性を生かした直売体制

第3に、中山間地域の山地特性を生かした少量多品目型生産振興とアンテナショップ、インショップ23店舗による直売体制を構築したことである。

三次農協の管内は中国山地の南麓の標高が２００～５００ｍの範囲に耕地があり、盆地特有の気候条件で良質米の生産で知られている。そのほかに比較的ロットの大きい「重点振興作物」として、アスパラガス、ピーマン、ぶどう（ピオーネ種）、菊、りんどう、丹波黒大豆、和牛などがあり、これらは市場出荷を主体として販売されている。

また農協が卸売市場を経営しており、併設した食材センター、アンテナショップ集荷場、共同集出荷場を食材の供給基地として位置づけ、地場野菜の販売を展開している。

圃場整備をした水田では、後述する集落営農システムで、米・麦・大豆を高性能の農業機械で効率的に生産する体制を構築するとともに、畑地では高齢者や女性が張り合いと生き甲斐をもって「少量多品目型」の生産振興を図ることを目標に取り組んでいる。

三次農協の特色ある販売体制は、これらの少量多品目型生産者１００３名をＪＡ三次アンテナショ

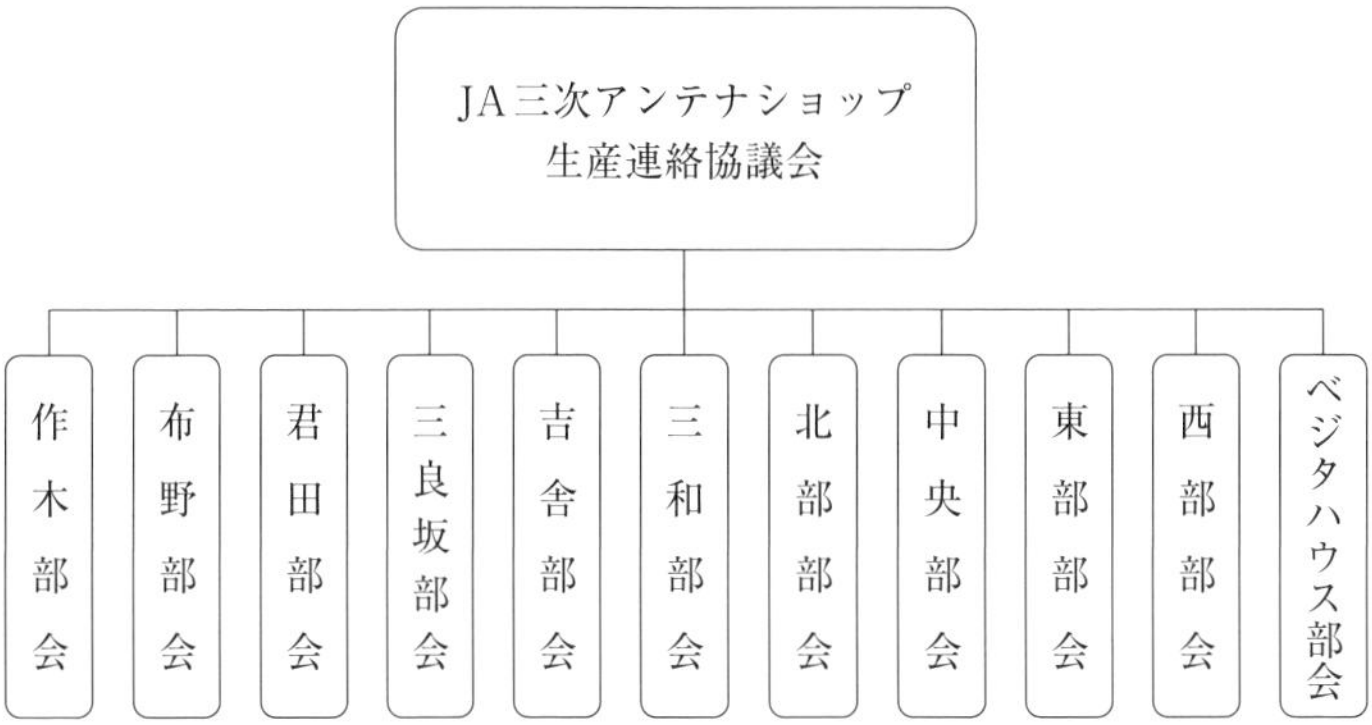

図3−12　ＪＡ三次アンテナショップ生産連絡協議会の組織図

◎2009年3月末現在の生産者1,003名の年齢は22～93歳。
◎農協では、将来の目標として、会員1戸年間販売額100万円をめざしている。
◎農協の指導・販売体制
（1）専門指導体制により、生産指導から出荷、販売、精算まで一貫して行なう。
（2）専業農家を中心とした、アンテナショップ生産アドバイザー11名による技術講習会、巡回指導を実施。
（3）生産履歴記帳
全会員へ生産履歴台帳「アンテナショップきん菜（安全管理）日誌」を配布。

ップ生産連絡協議会（図3−12参照）に組織し、広島市内に開設したアンテナショップ2店舗（三次きん菜館ならびに三次きん菜館舟入店）および21店舗のインショップ（広島市内の量販店内19店舗ならびに三次市内のAコープ2店舗）で直売するシステムを構築していることである。

組合員に対して、アンテナショップ方式による直売のメリットを次のように説明している（『ＪＡ三次第4次地域営農振興計画』）。

・老若男女を問わず、自分の労力や経営規模によって、誰でも取り組みができる。
・自分の得意な作物や加工品、工芸品等に取り組むことができ

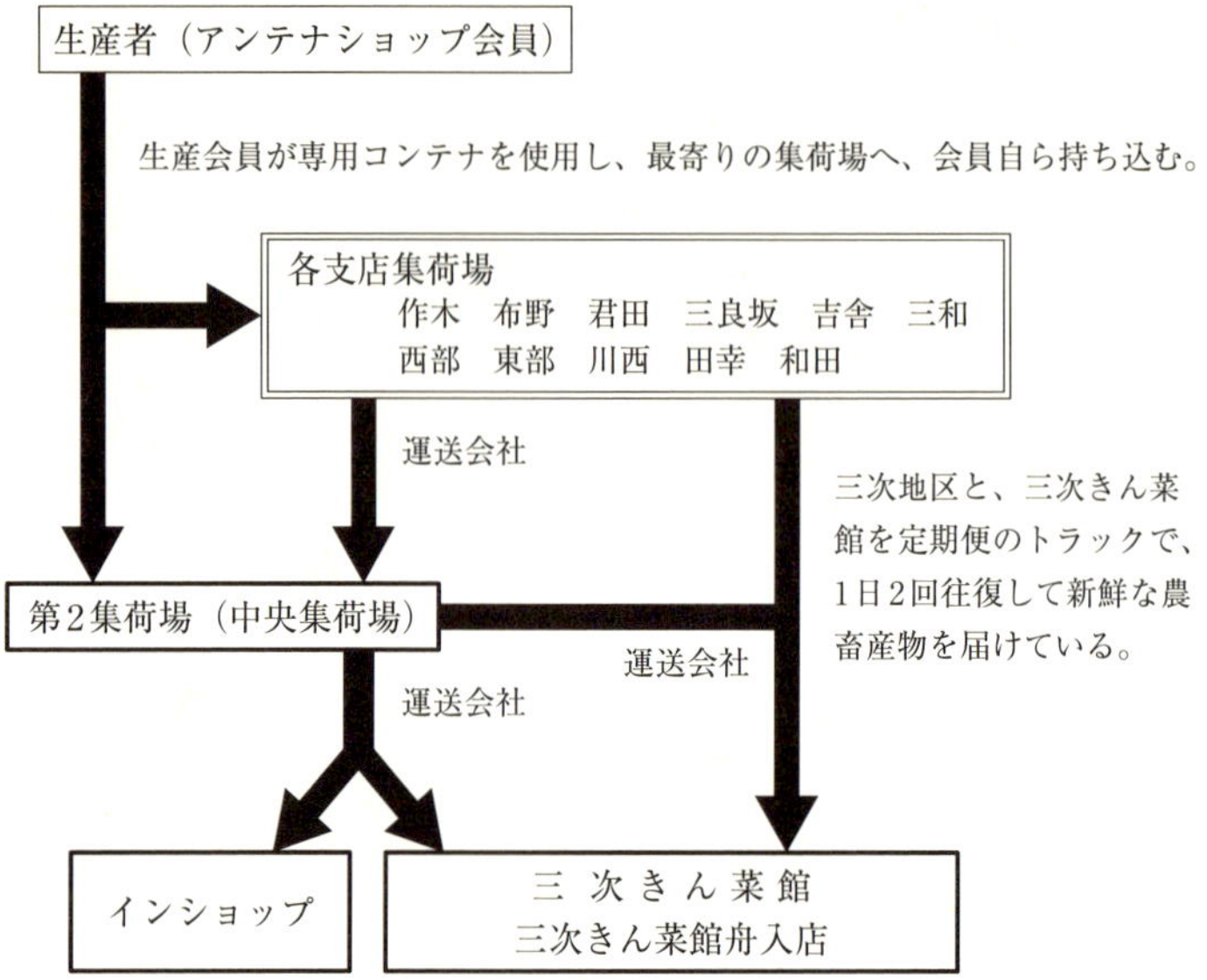

①組合員の役割　生産　収穫　選別　荷造り　バーコードの貼付　集荷場へ出荷　アドバイザーによる生産指導
②ＪＡの役割　出荷された商品の集荷　第２集荷場での仕分け　販売　精算　販売情報の作成　生産指導　出荷指導　部会事務局
③販売等情報発信　携帯電話、パソコン、ファックスにより、生産者が販売情報を確認する。また「きん菜館情報」、「集荷カレンダー」をファックス、パソコンで情報確認ができるシステムに取り組んでいる。

図3−13　アンテナショップ方式の運営システム

る。

・少量出荷で、自分の生産したものの評価が、リアルタイムで消費者から反応が得られるため、その情報をもとに、新たな商品開発や次の段階の生産拡大をすることができる。

・自分の名前で、顔の見える農畜産物の販売ができる。生産することへの喜びが得られる。

・各支店を中心として、集荷場が配置さ

れており気軽に出荷ができる。

・自分の創意と工夫により、加工品等の生産や販売が可能になる。

・単一作物では、ある程度の経営規模・面積が必要となるが、少量でも販売を見通した生産が可能となる。

・各支店を中心とした生産部会によるイベント開催により、消費者との交流ができる。

・自分の出荷した販売品の売れ行き情報がリアルタイムで取得できる。

三次農協が広島市内に開設したアンテナショップ「三次きん菜館（「きんさい」というのは広島方言で、「いらっしゃい、おいでください」という意味）」の概要は次のとおり。

「三次きん菜館」（２００１年９月オープン）

所在地　広島市安佐南区中須２丁目14番７号

１階　農畜産物直売所　２６５・６㎡

２階　焼肉レストラン　２４１・６㎡

営業時間　午前９時〜午後６時

「三次きん菜館　舟入店」（２００８年12月オープン）

所在地　広島市中区舟入町６番６号

農畜産物販売面積　128・0㎡
鮮魚販売面積（協賛会社）133・0㎡
営業時間　午前9時〜午後8時

アンテナショップ連絡協議会ネットワークの農協と組合員生産者の連携関係は図3－13のとおりである。アンテナショップは委託販売方式で生産者自身で販売価格を決定し、農協の販売手数料は25％である（輸送経費、店舗の人件費、施設の賃借料等の必要経費に充当する）。インショップ出荷分は農協による買取り販売方式である。

販売額は年々順調に増加し、09年度はレストラン部門を含めて約5億7000万円である。

（2）集落法人ネットワークの事務局としての農協の役割

数多くの多様な集落法人が活動

三次農協の管内には、集落を単位に農家相互の連絡調整や機械の共同利用などをおもな活動内容とする地域営農集団が1980年代に多数設立され、現在でもなお活動を継続している組織も多い。これは第1章の6の（6）で述べたように、全国農協大会の決議にもとづいて農協グループが組織運動としてその設立に取り組んだもので、その後の時間の経過とともにほとんどの地域では解消してしまっているなかで、広島県では農協が指導・支援を継続してきた経緯がある。

三次農協管内では最盛期には２００以上の地域営農集団が活動していたが、高齢化等の事情で集落活動の停滞に伴い活動停止に至ったものが多い。それでも前掲表３‒８のＪＡ三次地域営農集団連絡協議会のメンバーとして09年３月末現在なお１０４組織が活動を継続中である。

広島県の集落法人設立推進運動の展開に伴い、県の普及指導組織・北部農業技術指導所（三次市）では、地域営農集団を対象として集落法人の設立を働きかけてきた。

三次農協でも、県の北部農業技術指導所との密接な連携体制で集落法人の設立を推進し、とくに01年にスタートした第２次中長期計画において集落法人を重点課題と位置づけ、その後の営農振興計画にも引継ぎ２０１０年度末までに29法人を設立し、管内水田の15％を担わせることを目標に掲げている。04年には営農経済部に営農支援課という専門部署を設けて熱心に支援を続けている。

その結果、表３‒９に一覧したように、10年３月末現在24の集落法人が設立されている。

集落ぐるみ型の農事組合法人、個別担い手が中心となったオペレーター型の株式会社、地域の農業を支援する「第３セクター型公社」など多様な組織形態の法人が設立されている。ちなみに、（有）みらさか農業公社は、農業経営・農作業受託、育苗・ライスセンター受託管理などを目的に合併前の旧三良坂町と三次農協とがそれぞれ５００万円を出資して設立し農協から職員１人を出向させて運営を支援している。

集落法人の経営面積について、表３‒９では「水張り面積」で合計６２２haと表示されている。中

表3－9　三次農協管内の集落法人の概要（2010年3月末現在）

地区名			組織名	設立年	JA三次集落法人グループ（○）	三次農協の出資（○）	経営面積（水田の水張り面積）ha
旧三次市	東部	川西	（農）海渡	2003	○		33.9
			（農）三若	2005	○	○	29.8
		神杉	（農）神杉農産組合	1992	○		50.1
		和田	（農）ファーム紙屋	2006	○	○	20.1
			（株）福田農場	2007	○		36.6
		田幸	（農）畑原	2006	○	○	23.2
			（農）糸井	2008	○		16.2
	西部	川池	（農）志和地	2005	○	○	42.9
		青河	（農）ファームあおが	2006	○	○	27.3
旧双三郡	君田		（農）高幡	2003	○		19.4
	布野		（農）本谷	2008	○	○	23.8
			（農）むろだに	2008	○	○	14.3
			（農）ちはや	2009	○	○	16.2
	作木		（農）おおやま	2007	○		8.3
	三良坂		（有）みらさか農業公社	1997		○	9.6
			（株）ライスファーム藤原	2008	○		45.9
	三和		（有）上郷営農	2008			16.2
			（農）ゆうファーム敷名	2001	○		18.1
			（農）かみやま	2002	○		28.0
			（農）飯田	2003	○		11.5
			（有）土の会	2003			11.9
			（農）なひろだに	2005	○	○	39.5
			（農）上板木	2007	○	○	50.2
			（農）大力	2008	○	○	29.2
合計			24法人	—	21法人	12法人	622.2

山間地特有の畦畔面積が多い水田なので、畦畔を加えた帳簿上の利用権設定面積だと、これよりも10～20％も多くなることを加味して推定すれば集落法人による管内水田の集積率は、目標の15％を上回っていると考えられる。とくに三和地区では30％以上になっている。

集落法人のネットワーク組織―ＪＡ三次集落法人グループ―

三次農協管内に集落法人が多数設立された段階の２００４年４月、そのネットワーク組織「ＪＡ三次集落法人グループ」が結成された。

ちなみに事務局であるが、三次農協では２０１０年４月から営農支援課を廃止して新たに営農企画課を設けたのに伴い、現在は営農企画課が担当している。

活動内容は非常に充実したもので、参考までに09年度の事業計画を図3-14に掲げておく。事業経費は年間２７０万円程度で農協と市から各40万円の助成を受けているほかはメンバー法人の負担で運営されている。

なお、「ＪＡ三次集落法人グループ」には管内の24法人のうち3法人が未加入である。そのうち「みらさか農業公社」は先述したように第三セクターで、しかも農作業の受託と施設の管理が業務の中心となっていて、農業経営体としての他の集落法人とやや性格を異にしているという事情がある。ただし、農地の利用権設定（借地）による農業経営面積も増加しているので、将来は加入メリットが出てくるかもしれない。

②商品開発研修会

③農商工連携の取組み

(3) 水稲部門の安定化

●法人経営の安定化の為、水稲の品質・収量向上と、売れる米づくりに取り組む。

①省力・低コスト化現地研修会（鉄コーティング湛水直播、乾田不耕起直播）

②生育調査・稲作情報の発行（年間7回）

③特栽米認証取得・エコ米（「夢ひかり」生産、「GAP」導入検討他）

3．集落法人設立促進活動

●各種研修会等へ参加し、集落法人設立のためのアドバイザー活動を行う

①集落営農研修会（6／16）

②集落法人リーダー養成地域講座

③元気な集落営農推進大会（8／11予定）

4．その他

代表者会議（随時開催……年間5回程度）

図3-14 2009年度事業計画

ほかの2法人は、米の販売について独自の産直提携先があるなど、法人グループの統一ブランドによる農協ルートの販売メリットを共有できない等の事情から当面加入を見送っているとみられる。

集落法人の広域連携事業 —大豆ネットワーク、加工ネットワーク—

三次農協の集落法人の集落や旧町村を越えた広域的連携活動として注目されるのが、大豆の効率的生産体制および経営の多角化をめざす農産加工の新規導入のための2つの

1．経営高度化活動

(1) 経営高度化研修

●法人経営の安定化を図る為、先進事例を参考に、園芸品目の導入等に取り組む。

①視察研修会（先進事例視察……8月予定）

②現地研修会（アスパラガス・水田放牧等……年間5回予定）

(2) 農産加工ネットワーク活動

●各法人の加工部技術担当者の育成を中心に、加工技術の向上と、相談活動機能を強化させるとともに、販売の拡大と加工受委託システムの構築に取り組む。

①研修会（技術習得・相談会・検討会等……年間11回予定）

②現地巡回指導（アドバイザーによる巡回指導……5日間）

③視察研修会（先進事例視察……11月予定）

(3) 大豆ネットワーク活動

●品質・収量の向上等へ向け、栽培課題の共有化と解決策を導き出すための研究・研修活動を行う。

①技術研修（展示圃設置・現地研修会）

②ブランド化検討（農業生産工程管理手法「GAP」の試験導入）

2．経営課題対応活動

(1) 経営管理研修

●集落法人自らが、企業感覚を養い、持続可能な法人経営を実現させる為、経営管理能力の向上と経理担当者の育成支援、各種会計システムの研究・活用等に取り組む。

①経営管理支援講座（労災・納税・経理・農業資金……年間4回予定）

②会計入力支援（会計ソフト「Agrico」等）

(2) 販売力強化研修

●農産加工ネットワーク活動等と共に、消費者ニーズにあった農産物の生産・加工品づくりに向けた研修を開催する。

①販売研修会

(1) 大豆ネットワーク設立の経過

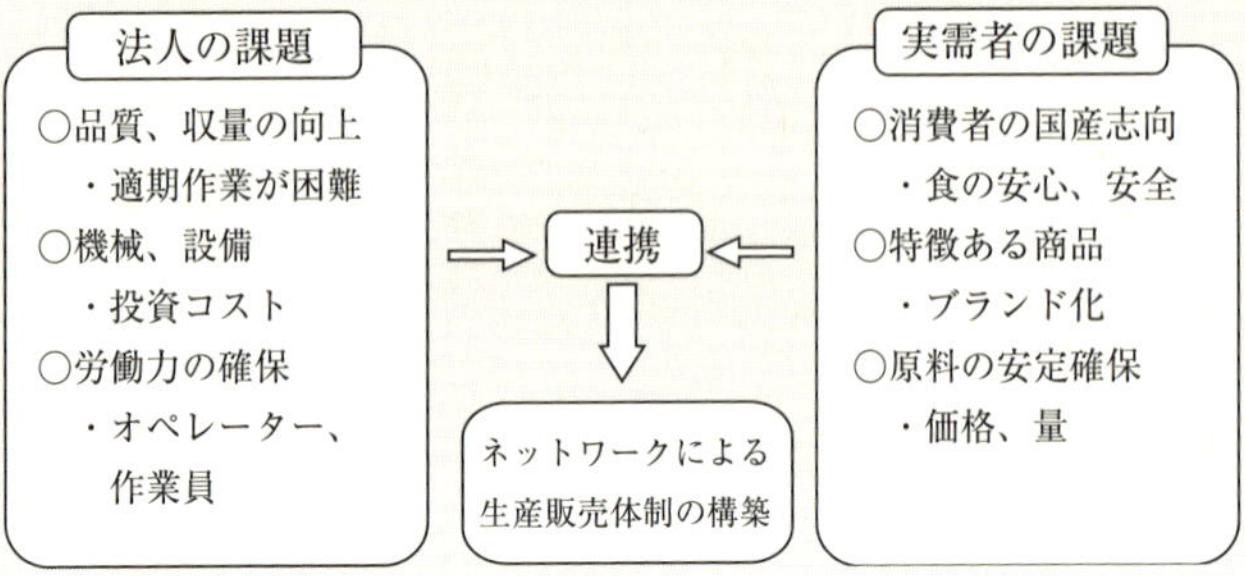

(2) 法人大豆ネットワークの設立

①集落法人間の連携により、大豆機械の効率利用

②法人相互の生産コスト削減と経営体質強化

③「三次産大豆」ブランド加工品の開発

----→ 地元大豆加工業者と集落法人グループの連携

構成員

・大豆栽培：集落法人（10）

・大豆加工：豆腐店（1）、地元加工グループ（1）、集落法人（2）

・JA三次

(3) 法人大豆ネットワークの機能

①大豆の団地化、連担化の指導

②受委託作業の調整・斡旋

③作業計画に基づく大豆機械の効率利用

④実需者と結びついた販売先確保と大豆価格の安定化

(4) 実施内容

・不耕起播種機、大豆コンバイン、高度乾燥調整施設を法人間で共同利用

・栽培研修会、新品種導入展示圃の設置

・大豆加工品の販売促進活動

・技術交流、人的交流による関係づくり（意見交換会、イベント等）

図3-15 ＪＡ三次集落法人大豆ネットワークの概要

ネットワーク事業である。

大豆ネットワークは、２００６年にスタートした連携活動である。図3−15に図示したように、大豆栽培用機械をもたない法人、オペレーターが確保できない法人も、作業委託や機械の共同利用を通じて、高水準（不耕起播種等）・高品質（高度乾燥調製施設）の大豆生産に取り組むことが可能になり、大豆加工を行なっている法人やグループ、豆腐店などの実需者も高品質の地元産大豆を安定的に確保することができる。地域内の大豆用機械や施設の稼働率を上げることによって、生産コストを低減し、経営改善効果が期待できるなど「一石多鳥」の事業である。

三次農協は事務局として、大豆生産販売計画の策定、作業受委託の斡旋・調整・実需者への計画的・安定的販売などの機能を担っている。法人間の受委託料金の精算事務も経理能力を備えた法人（神杉農産）が担当する仕組みである。そうすることで、各法人がそれぞれの得意とする分野の能力をさらにレベルアップできるし、問題解決のノウハウが法人に蓄積されるからである。もし、こうした仕事を農協が丸抱え的に引き受けてしまうと、法人間連携活動は発展エネルギーを持続できず、やがては結束力を失って消滅してしまうであろう。

意欲を引き出し、求心力を高め持続力を再生産する工夫が仕組まれた運営方法であると評価できる。

次に、08年からスタートした「集落法人農産加工ネットワーク」は、以下のような目的をもっている。

「集落法人の新たな収益拡大による経営の安定化を図るため、農産加工を積極的に促進することによって、女性・高齢者など構成員の生きがいの創出と元気な地域づくりへ繋げる事を目的とする。そのため、集落法人グループにおいて相互の情報交換を行いながら農産加工に取組む」。

08年度には次のような活動を実施した。

加工事業を実施、または検討している管内の9法人で「JA三次集落法人グループ農産加工ネットワーク」を設立。農村女性起業サポーターの小林富子氏をアドバイザーに招き、加工技術・基礎知識の習得と、地域資源を活用した新たな加工品の開発・商品化等に取り組んだ。

●第1回研修会：農産加工支援事業、許可業種、食品衛生・表示について
●第2回研修会：売れる加工品開発について
●第3回研修会：意見交換会
●第4回研修会：農産加工試作品意見交換、加工品の原価計算と価格設定
●第5回研修会：アンケート結果分析、今後の展開方向検討
●第6回研修会：米粉パン試作・試食、課題整理、今後の方向性検討
●第7回研修会：活動総括、対面販売イベントについて
●実地加工研修：長野県「小池手作り農産加工所」「阿智の里」
●現地巡回指導①：各法人試作加工品について【5法人】
●現地巡回指導②：イベント出店加工品について【4法人】
●販売イベント①：グリーンフェスタでの対面販売、消費者へのアンケート調査実施【4法人】

●販売イベント②：きん菜館での対面販売【5法人】

複数の集落法人がネットワーク方式で連携することによって、自前の加工施設をもたなくても、加工技術をもった人材がいない法人でも、また原料農作物を直接生産できなくても、加工の受委託のシステムを導入することによって農産加工事業が展開できる体制がつくられるのである。

特産作物であるアスパラの粉末加工、米粉の加工品、黒大豆の加工品、みそ、もちなどが取組み候補として試作されている。

このような、三次農協の集落法人グループの活動内容、すでに農産加工に取り組んでいる法人で女性たちが張り切って働いている様子、大豆ネットワークの作業状況、広島市内に開設しているアンテナショップ「三次きん菜館」でのイベントや対面販売の雰囲気などを、集落営農支援ビデオ・ＤＶＤ『地域再生編』の第2巻「法人と農協が描く地域再生戦略とは？」で映像として紹介している。併せてみていただくことで理解が深まるものと期待している。

農協の集落営農支援のあり方

三次農協は、営農経済部営農支援課（２０１０年4月からは営農企画課）が事務局となって、ＪＡ三次集落法人グループ、地域営農集団連絡協議会、大型農家生産グループ、担い手生産連絡協議会などの多層的ネットワークを形成して組合員の主体的・自律的活動を支援している。そのなかで、集落営農法人の設立支援、運営・経営発展支援に焦点を絞って、その現状と課題を整理してみよう。

A　地域支援マネージャーによる設立支援

三次農協営農企画課の地域支援マネージャー（嘱託職員）堀田正登氏は、広島県の農業改良普及員として長年現場を歩き、農業経営の指導にあたったプロフェッショナルである。県立農業大学校を最後に県職員を退職すると同時に、その人柄と手腕を見込んだ村上光雄組合長が直接交渉して現在のポストに招いた。

管内の集落法人の運営の支援にあたるかたわら、いちばん力を入れているのが、集落法人の新規設立の支援活動である。何度も集落へ足を運び、法人設立に至るさまざまな段階で、地域のリーダーが直面する問題点にひとつひとつていねいに、理解と納得が得られるまで助言をしている。現地での活動は、休日や夜間に行なわれることも多いが、勤務時間中にはデスクワークを抱えて動きにくい農協職員に代わって身軽に、現場へ出向くことができる行動力が効果をあげている。

三次農協管内でもこうした濃密な現地活動が実って、２０１０年度においても5～6地区について法人設立をめざす取組みが具体化している。

このように、幅広い専門知識と豊富な指導経験を身につけた人材（農業改良普及員や農協の営農指導員として実績をもった人物であることが多い）を、専任スタッフとして配置して、適切な支援を行ない、成果をあげている農協はほかにもいくつか事例がある。

同じ地域支援ビデオ・DVD『地域再生編』の第3巻「〝地域貢献型〟へ進化する集落営農」のなかで取り上げた（農）ひやころう波佐（島根県浜田市金城町）の設立を支援した塚本守氏もそうである。市・農協・県農業普及部が連携して「ワンフロアー化」体制で運営する浜田市農林業支援センターの審査役であるが、広島県の安佐農協の営農部長として地域振興に実績をあげた後、郷里の島根県金城町へUターンして、いわみ中央農協営農経済部営農企画課で活躍している。

同じ『地域再生編』の第1巻「10年後のムラと田んぼを守るには？」で紹介した福島県の会津みどり農協では、管内の8町村のすべての基幹支店に専任の「地域営農マネージャー」を配置して、地域の集落営農推進活動を全面的に支配している。

B　集落法人へ出資して、農協も構成員に

三次農協は、２００５年度から、管内で集落法人が設立される際に、地元から要望があればその法人の出資金の10％を上限に出資して応援することにしている。前掲の表3-9に示したように、みらさか農業公社を含む12法人に出資済みである。これまで出資を受けていない法人についても、設備投資等の機会に増資をする場合には、要請があれば出資に応じるという。

農協が出資する意味は、法人にとっては設立当初の資金繰りが苦しい時期に、「借入金と違って返さなくてもよい資金を拠出してもらえる」ことで経営面で心強い支援になることはもちろんである。それ以上に、精神面での一体感が強化されるという意味が大きい。

つまり、集落の住民たちが集落法人を組織して、「地域の農地を地域の協同の力で守り、安心して暮らせる地域を自分たちの力で支えていこう」と決意しているので、「農協も一構成員として参加し、一緒にがんばります。農協は決して地域を見捨てることはありません！」というメッセージを伝える意味があるという。

これとの関連で、地域内で農協が所有・管理している遊休施設を集落法人に貸し出す方法をとっている。集落法人にとっては初期投資を抑制して設立当初から積極的な農業経営を展開できるというメリットがあり、農協にとっても遊休不稼動資産を活用でき、賃借料も入る（その固定資産を減損評価の対象から除外できる）というメリットもあり、双方ともにプラスになる。

C　集落法人のエコ米の買取り集荷販売

三次農協が実施している集落法人支援策のなかでも、最も積極的で有効な施策が、集落法人グループの法人が生産したエコ米を、毎年11月末に買取り集荷していることである。これは２００６年産米から始めたものだが、年々着実に増加しており、09年度の販売実績は２億４２６８万円に達している（なお毎年11月末に仕入れた米は、翌年４月以降の次の会計年度にまたがって販売する仕組みなので、09年度米の仕入高は５億１２４４万円とさらに増加している）。

農協の米の販売方法の主流は、いわゆる委託販売方式（全農を通じた「共同計算」というシステムで、全量売却が終了した段階で販売実績に応じて、品質を考慮して生産者ごとに販売代金を精算分配する）なので、販売価格が低下した場合のリスクは生産者が負担し、農協は手数料収入を受けとる。農協に出荷した時点ではまだ販売価格が決まっていないので、生産者には内金が支払われ、最終精算金の支払いは1年以上先になる。生産資材の購入代金や土地改良区等への経費は年末まで支払う必要があるので、生産者は資金繰りが苦しくなる。

これに対して、買取り集荷方式の場合は、11月末に農協へ販売した時点で、集落法人に確定した販売代金が支払われるので、法人の資金繰りは楽になり、経営支援効果が大きい。23ものアンテナショップ、インショップなど独自の直売ルートを開拓している三次農協ならではの、すばらしい制度である。

生産にあたる集落法人も、消費者から評価される、おいしくて安全な米を出荷することで農協の努力に応えようという、責任感・一体感を強めることになる。

D　集落法人ネットワークの次の課題

これまでの記述からも、三次農協の集落法人の広域連携は大きな効果をあげていることがわかる。しかし、この連携事業がより強固で安定的なシステムとして持続するためには、さらなる進化が必要である。

大豆の場合も、農産加工の場合も、ネットワーク活動のスタート時点では、必要な機械・設備はすでにどこかの法人や農協が投資済みの既存のものを活用することになる。これは誠に合理的なや

マニュアスプレッダ購入計画の概要

（ア）趣旨および目的

（省略）

（イ）事業計画

クレーン付マニュアスプレッダ２台購入

購入金額　900万円（450万円×２台）

うち三次市の補助金450万円（50％）20法人の共有とし、共同利用する

（農協がすでに導入済みの１台、さらに農協が補助事業で新規導入する１台をリースし、グループの２台と合わせて４台体制で市内全域に堆肥散布ができるよう整備する。）

（ウ）資金調達計画

補助残の450万円は、農協のローンを借入れする。

借入条件　　５年返済・年利率2.1％

借入主体　　ＪＡ三次集落法人グループ

連帯保証人　20法人

図３-17　JA三次集落法人グループのマニュアスプレッダ購入計画

り方である。

しかし、事業が順調に発展して、機械や設備を追加購入あるいは増設する必要が生じた場合、さらに既存の機械や施設の耐用年数が経過して更新することになった場合に、どうするのか？　やはり、特定の法人が全法人のために個別負担して購入するのか？　それは不公平であり過重負担になるから、受益法人全体で共同で購入することになろう。ところが、「集落法人グループ」は法人格のない、単なる協議体であるから、「グループ」が機械や財産を所有できないのである。どうすればよいのか？

たまたま筆者が講師に招かれて

出席（傍聴）していた２００９年６月開催の総会に、そのような議案が諮られていた。すなわち、「エコファーマー認証」を受けるために、法人グループでマニュアスプレッダ（堆肥散布機）２台の購入計画がそれである。

「法人グループ」が法人格をもたないため機械は共有物となる。堆肥ネットワークに参加する２０法人が連帯保証人となることを求められたため、各法人はそれぞれ理事会で連帯保証人となることについて議決をし、印鑑証明書や理事会の議事録謄本等を農協に提出する等の煩瑣な事務手続きと経費負担が生ずる。「法人グループ」が法人格をもてば、もっと簡単な手続きで済むのである。[2]

前述したように、機械・施設の購入や更新のたびに同様の問題が起こる。

また組織として、職員を雇用したり、研修生を受け入れたり、オペレーターを雇用したりすることができない（社会保険などの問題も生ずる）。やはり、将来、「法人グループ」が法人化し、本章の１の（２）で紹介した津和野町・旧横町および（３）で紹介した北広島町大朝地区のような「３階建て法人」による、より進化した活動を展開できる態勢を整えることを期待されている。

注

（１）全国農協中央会では、女性の農協運営への参画強化運動の目標値として、２０１２年までに「１農協女性理事２人以上」という目標を掲げている。

しかし、09年7月現在で点検したところ、目標を達成しているのは２２５組合にすぎず、全国の農協の3割にとどまっており、5割以上の農協で女性理事がゼロであった。

ちなみに、09年4月1日現在の調査によれば、全国の農協の女性理事の就任状況は次のようになっている。

組合数	女性理事
3	6人
6	5人
9	4人
31	3人
176	2人
42	1人
473	ゼロ

三次農協の女性理事は3人である。

女性理事が4～6人という農協が18組合あるが、これらの農協は大合併して「全県一農協」（奈良・香川・大分・佐賀・沖縄）化したところや、大都市の金融農協化して組合員数が数万人もいる巨大農協がほとんどである。

また、理事の定数は農協の定款で定めているが、正組合員数に対する理事の定数については農林水産省がガイドラインを示して抑制するよう指導している。ところが、06年度から農水省は女性理事を増やすという条件の特例で理事の増枠を認める運用をしているのである。全国ではこの特例を利用して１０1人の女性理事が増枠されている。

三次農協のように、山間の純農村地帯で、しかも特例枠でない通常枠で3人の女性理事が選任されているのは、大変価値があるのだ。

（2）仮に「法人グループ」が法人格を有していたとしたら、この事業で同様に農協から融資を受ける場合（実際には三次農協の担当者の個別の判断になるが）、通例なら借入者は法人で、連帯保証人は広島県農業信用基金協会（ただし保証料を借入者が負担）という条件になる。

4　今こそ農協の出番だ！
―集落営農というコミュニティビジネスに応援を―

（1）拡大する理念・理想と実態の溝
―大規模合併と周縁地域からの撤退―

分化・多様化する農協

今、「農協」というひとつの言葉（あるいは概念）で全国の農協をとらえようとしても、その存在実態があまりにも分化・多様化してしまっているので、まったく把握しきれなくなってしまっている。一時期、「農協らしい農協」という問題提起や問いかけが、よく聞かれた。そのころは、提起する側にも受けとめる側にも、「共通の農協像、アイデンティティとかコンセプトというカタカナ表記の農協理解」が存在していたのであろう。しかし、今ではそれも失われてしまっているのかもしれない。

本書は、ここで「農協論」を展開しようとする意図はない。ただし、農協の実態についてある側面、とりわけ本書のテーマである集落営農および〝地域〟から問題を提起しようとするものである。

論をすすめる前に、農協の実態が多様化してしまっていることについて、データを2つだけ提示して（表3―10・11）、読者の共通の理解を得ておきたいと思う。

表3−10　正組合員戸数規模別総合農協数

正組合員戸数規模	全国	うち北海道
〜499	122	85
500〜999	78	20
1,000〜4,999	291	14
5,000〜9,999	222	—
10,000〜19,999	90	—
20,000戸以上	15	—
計	818	119

注：1．農林水産省『平成19事業年度総合農協統計表』から作成。
2．2007事業年度末現在、正組合員がいる農家戸数によって区分。

すなわち、外形的な組織の規模や地理的範囲でとらえてみても、分化・多様化しているのである。１９５５年前後の「昭和の大合併」以前の旧村を区域として、合併もせず小さな農協として地域を支え続けている農協もある。たとえば有名な大分県中津市（行政村下郷村のほうは3回合併して２００５年に中津市へ編入された）の下郷農協や高知県馬路村の馬路村農協、宮崎県綾町の綾町農協などである。ある意味で「農協らしい農協」という表現が当てはまる存在である。

ところが一方では、沖縄県・奈良県では県域全部がひとつの農協に合併してしまっている。このほか、佐賀・大分・香川の諸県でも建前としては県域一農協に合併したことになっており、農協の名称も、「佐賀県農協、おおいた農協、香川県農協」となっている。しかしこれら3県では、県域農協への大合併に不参加の農協がそのまま存続しており、大分県の下郷農協はその一例である。

表3−10をみると、正組合員戸数４９９戸以下の小さな農協が全国では１２２組合も存続している一方で、2万戸以上の巨大《マンモス》農協も15組合、1万戸以上2万戸未満が90組合あり、規模の格差が大きく開いていることがわかる。同じ表3−10をみると、多くの離農者を出した北海道に正組合員戸数が少ない組合が多いことがわかる。

この統計では総合農協数は８１８組合であったが、その後も広域大規模合併が続いており、２０１０年５月１日現在の総合農協数は７１９組合にまで減っている。大分県の合併結果はまだこの07年末の統計には反映されていない。

ついでにいえば、県土が北海道に次いで広い岩手県でも「超広域合併」があり、太平洋側の宮古市も久慈市も秋田県境の八幡平市も雫石町も「新いわて農協」に合併して、全県で８農協に再編成された（これも未反映）。

驚いたことに、数農協に大合併した県でも、相次いで「県域一農協合併」をめざす研究会が、検討を始めているというのである。

次の表３－11には、信用事業にかかわる貯金残高規模別の農協数を示している。貯金残高が30億円未満の小さな農協から、２０００億円以上の金融機関化したと思わせる農協が96組合もあって、その格差は大きい。この総合農協統計表では表示されていないが、貯金残高が１兆円以上の、地方銀行の下位行や中位規模の第２地方銀行以上の貯金を集めた農協が４組合も出現しているのである。

表3－11　貯金残高規模別総合農協数

貯金残高規模	組合数
30億円未満	8
30 ～ 50億円	18
50 ～ 100億円	68
100 ～ 300億円	167
300 ～ 500億円	106
500 ～ 1,000億円	192
1,000 ～ 2,000億円	162
2,000億円以上	96
計	817

注：1．前掲『総合農協統計表』により作成。
2．調査対象818組合のうち、調査表に未記入の１組合を集計から除外。
3．貯金残高は2007事業年度末現在の金額
4．1組合当たり平均残高は1,005億円。

農協の歴史は、まさに「合併の歴史」

といってもよいだろう。１９４８年に戦後改革・農村民主化の根幹として全国一斉に設立された農協は、１９５０年度末には1万３３１４の総合農協が組織されていた（アメリカ軍統治下の沖縄県を除く）が、その後、合併を繰り返して２０１０年5月1日には７１９に減少した。

上部組織への出資で資本不足の農協が続出

なぜ、農協は合併するのだろう？　いろいろな理由があげられるが、大雑把にいってしまえば「単独では、経営が赤字になって、存続できない。あるいは近い将来そうなる見通しなので予防的に合併して、リストラ・合理化する」ということである。

役・職員数を減らし、「不採算」の店舗や事業所を廃止・統合する。減らした職員で効率的に事業を推進する方法として広く行なわれるのが、従来は各地の支店や施設に幅広く配置していた営農指導員を引き上げて、「営農経済センター」などの拠点施設に集約してしまうことである。人材力《マンパワー》を集積する効果はあるかもしれないが、地域の組合員の生産現場では存在感が希薄になってしまう。

金融事業の窓口店舗については、「貯金残高が１００億円以上で担当職員が3人以上配置されている」という基準に照らして廃止・統合するようＪＡバンク本部から指導されているようだ。前者は採算性の基準、後者は不祥事防止のための相互チェック体制の基準である。

合併後、年数の経過とともに、地域から農協の店舗・事務所・施設が廃止・消滅してしまうのが厳然たる事実である。表3－12は、全国合計の数値なので、特定の広域合併地域のより劇的な動きはかなり緩和された姿でしか表現されていないきらいがあるものの、農協が周縁部から撤収していく姿を読みとることはできよう。

前節で紹介した広島県三次農協の場合も、合併当時の30支店・支所、9事業所・出張所を、12支店・第二支店体制に集約したことを想い起こしてほしい。育苗センター・ライスセンター・倉庫・加工場などの統廃合は、これらの店舗統合以上の「大胆さ」ですすめられたのである。

表3−12　全国の総合農協の支店（支所）・出張所、金融窓口数の推移

事業年度	支店（支所）・出張所数	左のうち信用事業を行なっているもの
1999	13,898	13,265
2000	13,793	13,149
2001	13,624	12,966
2002	13,085	12,419
2003	12,510	11,980
2004	11,899	11,296
2005	11,236	10,688
2006	10,182	9,624
2007	9,328	9,014
1999年を100とする、2007年の割合	67.1	67.9

注：農林水産省『総合農協統計表』により作成。各事業年度末の数値。

「協同組合としての農協」は、地域の農民たちが、その経営と暮らしを守り地域を維持するための手段として、どうしても必要だから、出資して設立し、組合員となって利用し、運営に参画する仕組みである。しかし、組合員が対等・平等な1人1票の議決権をもつ運営原理がマイナスに作用して、「不採算・非効率」な過疎化した周縁地帯は少数派で、大規模合併農協の多数決原理ではつねに敗者になってしまう。農協を最も必要とする地域、農協がなければ暮らせない地域から、「経営の効率化」を理由に、農協は撤退してしまっている。結果として、過

資本の外部流出の推移

（金額単位：千円）

外部出資比率（%）		（参考）
対組合員資本C/A	対出資金C/B	集計農協数
27.2	60.7	3,976
25.3	69.9	3,204
44.6	118.3	913
42.3	140.1	818

農協組合員資本の外部流出状況

（金額単位：千円）

左のうち農林中金と信連（D）	外部出資比率（%）		農林中金と信連への（%）出資の対出資金比率D/B
	対組合員資本C/A	対出資金C/B	
3,410,248	83.7	139.8	105.4
1,692,612	111.5	192.3	144.8
3,499,100	33.4	215.9	184.0
3,029,840	116.4	177.7	143.7

それ以外の3農協は2月末現在。

疎化・高齢化した周縁地域は切り捨てられているといわねばならない。

では、このような合併とリストラ＝過疎地域からの撤退の結果、農協の経営は改善・発展し、組合員の期待に応えて組合員を幸福にできたのだろうか。表3−13に、そのひとつの答が出ている。1988年の数値と、20年後の2007年の数値を比較してみると、約4000の農協が大規模合併によって818に集約された結果、たしかに1組合平均の「組合員資本」は増加し組合員の財産は増えている。

しかし、その4割以上が主として農林中金・信連・全農など上部組織に出資というかたちで吸い上げられ、流出してしまっているではないか！

表3－13　農協組合員

事業年度	組合員資本合計（A）	左のうち出資金（B）	外部出資金合計（C）
1988	589,137	264,195	160,348
1992	1,038,363	376,494	263,225
2004	4,476,675	1,689,654	1,998,036
2007	6,326,585	1,911,602	2,677,273

注：1．農林水産省『総合農協統計表』により作成
　　2．各事業年度末現在の1組合平均の数値。

表3－14　「農林中金増資」による

農協名（県名）	組合員資本合計（A）	左のうち出資金（B）	外部出資金合計（C）
そうま農協（福島県）	5,408,324	3,236,580	4,526,016
ふたば農協（福島県）	2,026,832	1,168,899	2,259,127
秦野市農協（神奈川県）	12,279,797	1,902,046	4,106,635
三次農協（広島県）	3,219,793	2,108,994	3,746,900

注：1．各農協の事業報告書（総代会資料）から作成。三次農協は2009年3月末。
　　2．福島県信連は農林中金へ事業統合され解散した。

驚きを禁じ得ないのが、組合員が農協運営のために出資した「農協の出資金〔表の（B）〕」はその全額が上部組織に流出済みで、さらにそれでは足らないというので、いざという際に備える積立金・準備金・剰余金などの組合員の共同財産の一部まで上部組織のために流出してしまっている。

会計学的にいえば、農協はマイナスの資本金で経営していることになり、経営合理化・経営改善とは正反対の状態になっている。職員をリストラし、地域を切り捨て、身を削った結果が、すべて全国連や農林中金に上納され流出してしまっているとは！

ところが、この表3－13の07年のデータには、例のリーマンショックが引き金

になった世界金融恐慌で巨額の欠損金を出した農林中金を救済するための特別出資の結果はまだ反映されていないのである。

農林水産省による全国調査である『平成20事業年度総合農協統計表』は未公表なので、たまたま手もとにある4農協の事業報告書から分析を試みたのが表3－14である。

これをみれば、4農協とも、組合員が自らの農協の運営のために出資した出資金を超える資金（ふたば、三次両農協は1.4倍、秦野農協は1.8倍）を農林中金・信連に流出させてしまっていることが明らかになった。

こんなに資本不足の状態で、農協は経営を存続できるのだろうかというのが、筆者の素朴な疑問である。地域から撤退し、過疎地を切り捨て、身を削って生み出した資金は、そのほとんど、いやそれ以上を上部組織に吸い上げられてしまっているのが実態なのである。

（2）農協よムラへ還れ、地域を再生せよ！

―集落営農と住民の協同と連携―

支配的ビジネスモデルから新しい共同システムへ

学校、診療所や病院、育苗施設やライスセンター、生活物資を買うお店、バスやタクシーなどの公共交通……これらは地域の住民が健康で安心して暮らしていくためにどうしても必要な共同財産＝公共財である。道路や水路、上水道などとともに、社会インフラとも呼ばれる。特定の個人の私有・独占が許されないコモンズとも表現される。

人びとは、みんなで分担し、資金や労働力を拠出し合い、維持運営するために協同してきた。これが人間の暮らしと地域のコミュニティの基本原理であり原点である。

協同組合としての農協も、同じ原理で組織されたのに、前項でみたように、「不採算」だからという理由で、次々に撤退し、切り捨てて、広域大合併に活路を求めている。

「効率原理」の経済・社会システムである資本主義の最高発達段階としてのグローバル経済の21世紀において、かつての支配的ビジネスモデルであった百貨店＝デパート、メガバンク、巨大スーパーなどの合併・統合を繰り返して肥大化した資本は、経営危機に直面してもがいている。

それに代わって、ＮＰＯやマイクロクレジット、地域通貨など新しい協同システムが起ち現れ、人と人との協同、共働を生み出している。

これまでに考察したように、集落営農もそのような新しい協同システムの一環なのである。農協や自治体が経営できないといって放棄し、撤退した施設を、集落営農法人がみごとに運営し、地域を再生している事例をすでにたくさん紹介したではないか。

必要があれば、人びとは共同で出資して商店を開設し、過疎バスを運行し、診療所を運営しているのだ。そして、それらの結節点に集落営農が存在することも確認済みである。

「農協というビジネスモデル」では経営できないライスセンターやガソリンスタンドが「集落営農

というコミュニティビジネス」なら立派に経営できるのである。本書の第2章で論じたように、集落営農は社会的資本として経営する社会的企業＝ソーシャルビジネスだから、私企業が経営できない分野で活動できるのである。

いのちと暮らしを支える共同財産

農協も、本質は社会的資本、コミュニティビジネスであったはずなのに、変質してしまったのである。農協が社会的に必要とされる組織になることができるのは、その原点である社会的資本に、時間をかけて生まれ変わるしか方法はない。

その具体的第一歩は、広島県三次農協がすでにその道を切り拓いてみせたように、集落営農のネットワークを育てて、その事務局役を担うことである。旧村や集落段階に集落営農を組織する支援をし、農協も出資して一構成員となり、目標を共有し、一緒に地域再生活動に参画することである。集落営農ネットワークの連携の事務局、集落法人の連合会になる道である。

全国的にみると、福島県の会津みどり農協、長野県の上伊那農協、島根県の斐川町農協、広島県の三次農協など一部の例外的な組合を除けば、残念ながら集落営農運動のなかで農協の影は薄かった。もちろん、全国農協中央会や各県の中央会などにも、集落営農を深く理解し、集落営農運動の陣営に加わろうという同志も少なからず存在する。

本書のなかで何度もふれた、集落営農支援ビデオ・ＤＶＤも、全国農協中央会の全面的な支援を受けて製作されたものである。

少しでも多くの農協の役職員、リーダー的組合員が、集落営農について学び、理解を深め、農業と地域を再生する「最善の選択」であると認識し、農協が全存在をかけて集落営農運動に取り組む日が、早くくることを期待したい。

筆者は協同組合主義者で、協同組合地域社会が形成されることを願っているが、農協が地域再生の拠りどころとして、その活動を担う可能性を確信する「担保・根拠」が「厚生連病院」である。

多くの読者は、長野県の佐久病院の名声を知っているであろう。しかし佐久病院を経営しているのが農協だということを知る人は稀であろう。「厚生農業協同組合連合会」（略称「厚生連」）という農協組織が、北海道から鹿児島県まで全国23の道県に１１５の病院を経営している（２０１０年3月現在）。その多くが人口5万人未満の市町村であり、まさに過疎地域の基幹病院として住民のいのちを守る砦となっている。

筆者も、農林漁業金融公庫に勤務していたころ、いくつかの厚生連病院の増改築や整備にかかわった経験をもち、そのことを生涯の誇りとしている。

なぜ、農協が病院を経営しているのか？　それは大正8年（１９１９）に歴史をさかのぼることになる。無医村のいのちを守るため、島根県鹿足郡青原村（現在は津和野町）の青原村信用購買販売利用組合が診療所を開設したのが出発点である。大庭政世（１８８２―１９３９）組合長の英断で発足した医療組合運動はやがて全国に広がった。戦後の農協に引き継がれて、今日の厚生連病院に至るのである。

過疎地域の公共的病院の経営は大変苦しく、２００８年度も１１７病院中47が赤字だった。そして悲しいことに、青原村の産業組合の診療事業から発展した、全国の厚生連病院の発祥地の島根県石西厚生連津和野共存病院を経営する石西厚生連が破綻（自己破産）してしまった。09年3月のことである。病院の診療活動は体制を縮小して、町と地元医師会が協力してなんとか継続されている。

厚生連病院を今後とも経営し続けることこそが、農協が地域再生の拠りどころとしての役割を果たせるかどうかの試金石となるであろう。

あとがき

農文協から出版した前著『地域の多様な条件を生かす　集落営農』（２００６年）は幸いにも好評で迎えられ、また同様の問題を抱える韓国でも翻訳されて関係者に配布された。

07年3月に山形大学を退職すると、「2階建て方式」を評価した島根県から「集落組織化塾の総括プロデューサー」を委嘱された。この3年間、隠岐の島も含めて県内の全市町を巡回し、講演やワークショップ方式の助言など「集落営農のセールスマン」を務めた。

島根県以外でも25府県で１００を超える市町村を訪ね、講演や現地相談に携わり、多くの農業改良普及員、行政・農協職員、集落リーダーと交流する機会をもつことができた。

多彩な社会経験をもった有能なリーダーたちが陸続と現われ、注目すべき活動を展開しており、集落営農はまさに日進月歩で進化・発展しつつある。

前著において筆者は、「集落営農は大きく豊かな可能性をもつ。集落営農こそが地域再生の切り札であり、21世紀の日本農業の主役である」と断言した。その後の4年間の現地調査を通じて、この確信はさらに強固になった。

本書で紹介した大分県の広瀬勝貞知事の「これしかないからではなく、これがベストだから集落営農を推進する」とのメッセージは、まさに至言である。

集落営農に取り組もうとする関係者に、依拠すべき「集落営農の原理論」を提供し、進むべき方向を提示できる「バイブル」をめざして本書を書いたつもりである。筆者の意図の成否は読者の判断に委ねたいが、「集落営農は、地域住民の協同活動を結集した新しい社会的協同経営体である」というのが、本書の主張である。

稿を起してからも試行錯誤を重ね、最新のデータや歴史的文献まで博捜しようと欲ばったせいもあるが、４００枚強の原稿を書きおろすのに6か月も要してしまった。予約してくださった多くの読者と出版社にご迷惑をおかけしたことをお詫びしたい。

多勢にのぼるので逐一お名前を記すのは略させていただくが、調査に対応していただいた集落営農リーダー、資料提供等に協力してくださった県・市町村・農協職員の方々に深い感謝の言葉をお伝えしたい。

最後になったが、辛抱強く執筆を促し、要所で適切な助言を惜しまなかった農文協の金成政博氏と、前著に続いて面倒な資料整理にご協力いただいた西村良平氏にはとりわけお世話になった。厚くお礼申し上げたい。

二〇一〇年七月　　日本一暑い熊谷にて

著者

著者略歴

楠本雅弘（くすもとまさひろ）

1941年愛媛県宇和島市生まれ。18歳まで郷里の農村・漁村で暮らす。一橋大学経済学部を卒業後22年間農林漁業金融公庫に勤務。仙台支店で出稼ぎ問題を調査し、新潟支店では農業経営者運動と交流。1987年に山形大学に移り教養部・農学部の教授。2007年定年退職を機に埼玉県熊谷市の旧居に戻り、農山村地域経済研究所を主宰。

複式簿記と家族経営協定を活用した経営改善や負債整理について、『現代農業』『農業共済新聞』『佐賀の野菜』などに長期連載して農業経営者に助言し、各地の農業改良普及員と連携してワークショップ方式で指導。

全国の集落を歴訪し、住民たちとともに「2階建て方式の集落営農」によって地域を再生する実践活動に従事している。

主要著書　『農山漁村経済更生運動と小平権一』不二出版、1983年、『井浦亮一の米づくり道場—新潟県における稲作経営者運動—』日刊工業新聞社、1995年、『農家の借金Ⅲ』農文協、1987年、『複式簿記を使いこなす』農文協、1998年、『地域の多様な条件を生かす 集落営農』農文協、2006年など。

シリーズ　地域の再生 7

進化する集落営農

新しい「社会的協同経営体」と農協の役割

2010年 7 月30日　第 1 刷発行
2017年 6 月30日　第 2 刷発行

著　者　楠本　雅弘

発行所　一般社団法人　農山漁村文化協会
〒107-8668　東京都港区赤坂 7 丁目 6－1
電話　03（3585）1141（営業）　03（3585）1145（編集）
FAX 03（3585）3668　　振替　00120-3-144478
URL　http://www.ruralnet.or.jp/

ISBN978-4-540-09220-6　　DTP制作／池田編集事務所
〈検印廃止〉　　印刷・製本／凸版印刷（株）